U0366506

罗夏墨迹测验

理论与技术

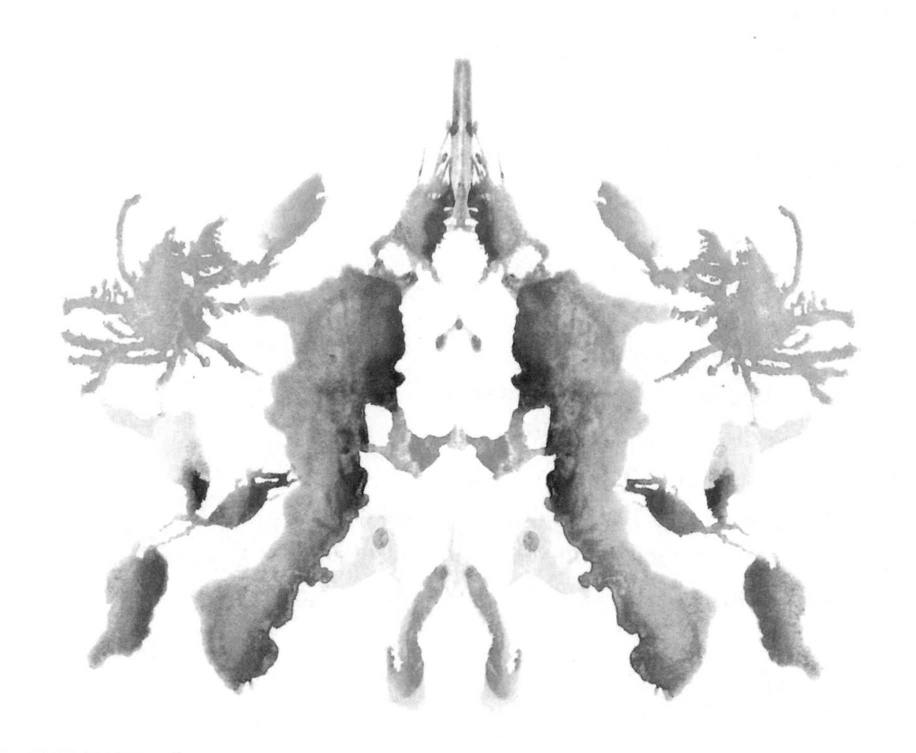

徐光兴 ◎著

华东师范大学出版社
·上海·

图书在版编目（CIP）数据

罗夏墨迹测验：理论与技术 / 徐光兴著．-- 上海：华东师范大学出版社，2022
ISBN 978-7-5760-3094-5
Ⅰ．①罗… Ⅱ．①徐… Ⅲ．①心理测验－研究 Ⅳ．① B841.7
中国版本图书馆 CIP 数据核字（2022）第 139739 号

罗夏墨迹测验：理论与技术

著　　者　徐光兴
责任编辑　彭呈军
审读编辑　张艺捷
责任校对　廖钰娴　时东明
装帧设计　卢晓红

出版发行　华东师范大学出版社
社　　址　上海市中山北路 3663 号　邮编　200062
网　　址　www.ecnupress.com.cn
电　　话　021 60821666　行政传真　021 62572105
客服电话　021 62865537　门市（邮购）电话　021 62869887
地　　址　上海市中山北路 3663 号华东师范大学校内先锋路口
网　　店　http://hdsdcbs.tmall.com

印 刷 者　上海锦佳印刷有限公司
开　　本　787 × 1092　16 开
印　　张　11.5
插　　页　4
字　　数　200 千字
版　　次　2022 年 9 月第 1 版
印　　次　2022 年 9 月第 1 次
书　　号　ISBN 978-7-5760-3094-5
定　　价　38.00 元

出 版 人　王　焰
（如发现本版图书有印订质量问题，请寄回本社客服中心调换或电话 021 62865537 联系）

罗夏墨迹测验图版

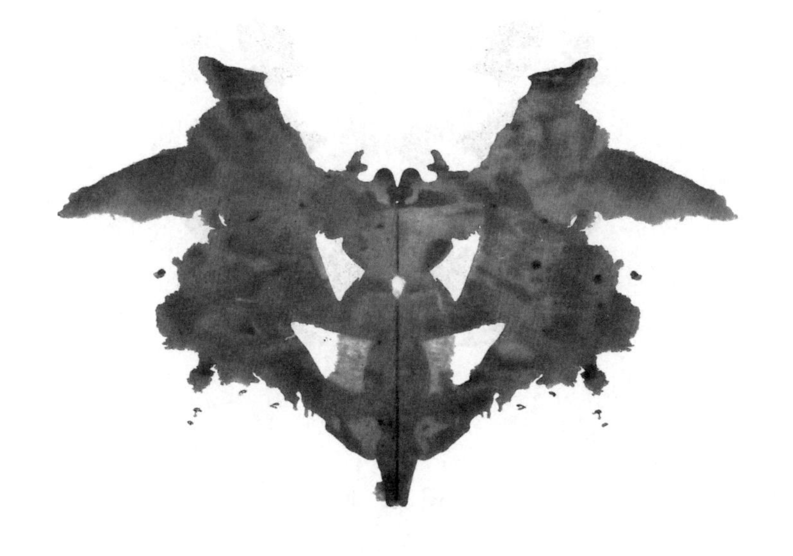

图版 I

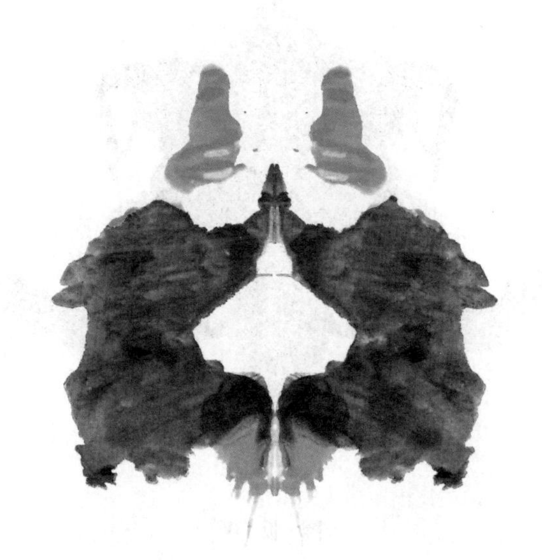

图版 II

图 版 Ⅲ

图 版 Ⅳ

图 版 Ⅴ

图 版 Ⅵ

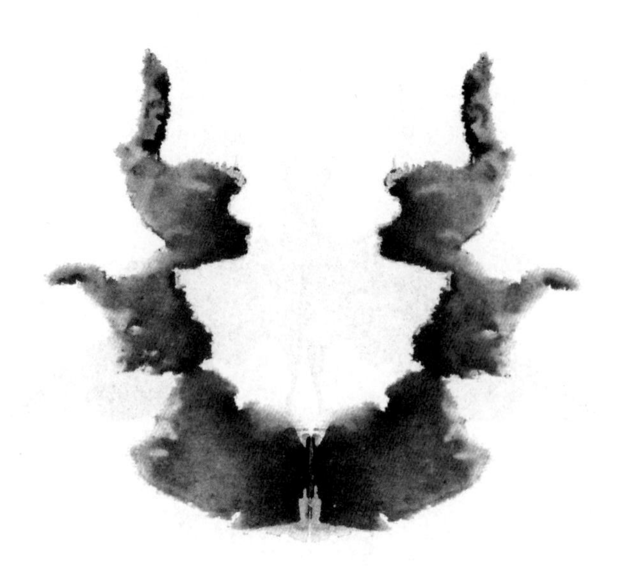

图版 Ⅶ

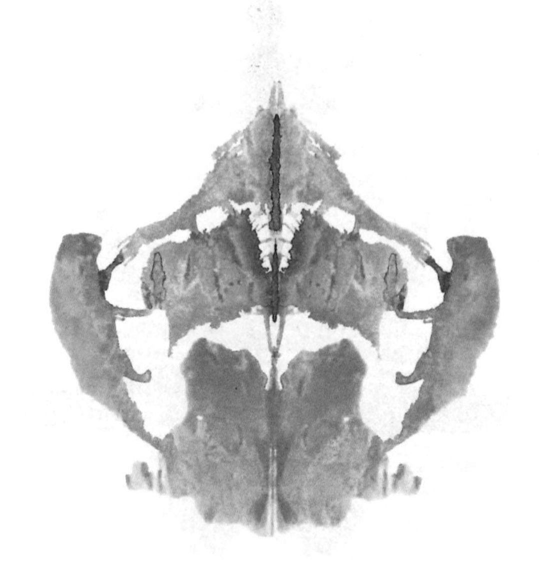

图版 Ⅷ

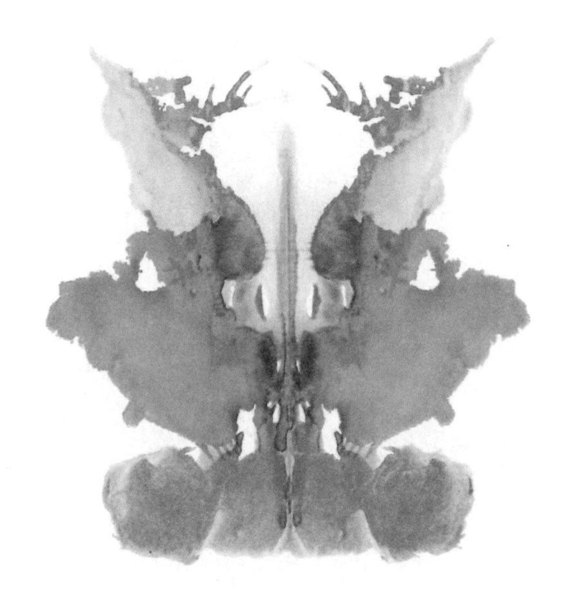

图 版 IX

图 版 X

前言

罗夏墨迹测验在国外的临床心理诊断和心理测验等诸多技术工具中被称为“王牌测验”，具有不可思议的心理“魔力”。它诞生于20世纪20年代初，经过五六十年的研究成果积累后，被广泛使用于各国的精神科医院中，具有心理“X光片”一样的检测效果。随着心理学与脑神经科学的结合，其又被称为类似心理“脑CT”的检测技术。随着1974年美国学者埃克斯纳(Exner, J. E)确立了罗夏测验的综合体系，从情感、调控、认知、自我感知、信息、媒介反应、思考等七个方面入手对个体的人格各个层面进行测验，现在罗夏墨迹测验又被心理和精神科专业人员喻为“立体的”心理“核磁共振检测”工具。

我从20世纪80年代起出国留学，攻读临床心理学专业学位，作为实习入门的资格，必须要掌握罗夏墨迹测验的理论和技术，然后才能进入各种心理咨询机构和精神科医院进行学习与锻炼。但由于起始阶段的临床诊断训练缺乏和不足，在医院与咨询机构的心理实践业务明显受阻。此外，从20世纪80年代起，各心理咨询机构中主要的咨询和治疗的理论技术学派就是精神分析学派，但是在国外学者之间，凡精通精神分析学理论和技术的都是知晓且能运用罗夏墨迹测验理论和技术的人，作为心理专业人员，不掌握这门测验技术就无法展开深入的学术交流，被视为是精神分析学专业工作者中的“赝品”。这一点，让我印象特别深刻。

罗夏墨迹测验是一种技术难度非常高的测验工具，除了要熟练地掌握10张固定图版的特征，还要熟记各种统计符号和计算公式，而且至今为止也没有一种各国公认的标准统一的解析体系，同时要确切掌握这一测验技术还必需一定的时间和案例积累。其中统计记号之记忆困难，施测程序之麻烦，使我国许多的专业工作者对这一心理测验工具望而生畏，国内许多大学的心理学专业也不开设这一专业课程，只是作为心理测验知识，在课堂上泛泛介绍一下，然后束之高阁。因此，国内学界对于罗夏墨迹测验可供参考的研究论文和专业书籍或教材等特别缺乏。

本书作者从20世纪90年代末作为上海市海外留学高层次人才引进回国，在华东师范大学工作，对罗夏墨迹测验的理论和技术已有30多年的研究积累，还有20多年的教学经验。本书汲取国外各种罗夏墨迹测验体系中的精华，去芜存菁，化繁为简，适用于华东师范大学临床心理学研究和实践工作，也是适合社会各种心理咨询机构与精神科医院等使用的简便和较为成熟的测验工具。全书对罗夏墨迹测验的理论和技术的阐述简明扼要，通俗易懂，同时具有大量的实例和图例。凡研究者和专业人员能细读本书各章，按图索骥，并辅之以实践操练，一定能尽快成为这一领域的专家。要特别指出的是，本书许多统计数据标准值或常模，大部分来自国外，而国内的研究统计数据值只占其中一小部分。如何构建完全符合有中国特色与文化背景的数据值和常模，这是留给后来研究者的一大课题，本书只是起了“他山之石”的作用，当然也是本书的不足之处，恳请各方学者热情指正。

华东师范大学出版社的编辑同志，非常重视本书的出版工作，他们不辞辛劳，付出了大量的心血，使得本书版面设计精美，图文并茂，为罗夏墨迹测验的理论和技术在中国的普及与应用作出了自己的贡献。在此，一并致以诚挚的感谢。

徐光兴

2021年10月金秋

目录

第一章　罗夏墨迹测验诞生的历史

一、"投射"与罗夏墨迹测验

投射与人生观、人生经验有关。每个人内心对外界刺激都有一种反应机制，又称投射，是弗洛伊德的精神分析中的自我防御机制之一（投影）。在个体的内心深处，都存在着某种情感、欲求、冲动和观念，在现实中难以表现，留存在潜意识中，当外界给予某种适当的刺激，这种留存在潜意识中的东西就会反映出来了，以与自我无关的形式，保持一定的距离进行观察。就像月光、日光下的人影，这个影子与人本身不同，但必然源自人的形体，与个人有关。

弗洛伊德的弟子弗兰克认为："为了研究和理解人格，比较精确、但间接的科学方法，就是投射测验法（projective methods for the study of personality）。"

投射测验法于20世纪20—40年代创立，有以下几种：

（1）语言刺激　荣格语词联想测验

（2）视觉想象　罗夏墨迹投射测验与TAT测验

（3）艺术创作　树木人格测验

1921年9月，由十张墨迹图组成的罗夏墨迹测验首次在心理学界亮相，罗夏发表了他著名的专著《心理诊断学》。以此为开端，罗夏墨迹测验吸引了众多关注，人们广泛地使用它，认真仔细地研究它。仅20年以后，也就是20世纪四五十年代，罗夏墨迹测验已成为精神分析学或临床心理学的同义词。在那个时期，临床心理学家的首要任务就是心理诊断和评估。而到了六七十年代，临床心理学家的任务领域与工具已经扩大和多样化了，即便如此，罗夏墨迹测验仍是临床上最常用的心理测验，它的这一权威地位保持至今。如果能做到正确地施测、记分和解释，从罗夏墨迹测验中就能得到大量有用的信息。其中一些信息将有助于我们在临床诊断时作判断、制定心理干预计划、或对病情的发展进行预测。但大多数的信息则是描述了被测者的心理特征。

投射测验的特征：

(1) 刺激的材料与被检查者的反应方法不像问卷调查等测验法那样直接固定(注重施测者的经验、洞察力)。

(2) 测验者与被测验者的人际关系非常重要。测验者的可信赖度等人格魅力与他的专业技术,共同影响测验的整个过程及对测验结果的最终解释。

(3) 测验的目的不易被当事人察觉,它绕过了被测者的防御机制,因此,当事人想要虚伪、歪曲地回答十分困难。

(4) 投射测验没有正误之分。沉默是无声的语言,"不回答"也是一种回答。

(5) 当事人所有的反应,并不可以直接统计计算,必须通过记号化翻译后根据一定的程序进行解析。

(6) 投射测验对人格的分析从表层直至深层,幅度很广。

(7) 结果的整理不仅依靠数据评定,还要依赖于测验者的学识、生活经验、内省力、洞察力、直觉力……

(8) 投射测验除了可测定人格外,还可测智力、精神病理状况和心理障碍的症结所在。

(9) 正因为以上特性,投射测验对测验者的专业要求很高,须经大量的临床实践训练,对技术熟练度的要求也相当高。

但是罗夏本人却认为,他的著作本质上不是提出一个测验,而是一篇关于人类感知觉研究的成果,而这一研究成果最终适用于精神分裂症分类的精细复杂的临床诊断。显然,罗夏把墨迹当作图形刺激物,然而这并非由他首创。恰恰相反,早在罗夏开始他的研究之前,人们就曾几次尝试使用墨迹做测验。比纳和亨利(Binet,Henri,1895,1896)在编制智力测验的早期阶段,曾试图把墨迹图纳入测验项目。他们同当时的不少人想得一样,认为墨迹刺激图可能对研究视觉想象力有用。比纳和亨利后来因为团体操作时的困难而放弃了墨迹刺激测验。美国和欧洲的其他一些研究者发表了使用墨迹刺激研究想象力和创造性的文章(Dearborn, 1897, 1898; Kirkpatrick, 1900; Rybakov, 1911; Pyle, 1913, 1915; Whipple, 1914; Parsons, 1917)。所有这些文章是否对罗夏的独创性研究有所启发,这一点值得我们进一步验证。然而非常有可能的是,罗夏在写他的专著之前,已经熟读了其中的大多数文章。

这里，我们有必要追溯一下罗夏个人的生活史，以便更好地理解罗夏墨迹测验诞生的历史背景。

二、赫尔曼·罗夏的小传与图版的诞生

赫尔曼·罗夏(Hermann Rorschach)，1884 年 9 月 8 日生于瑞士苏黎士。罗夏是长子，下有一弟一妹，他的少年时代在沙夫豪森的家中和弟妹们一起度过。罗夏的父亲是中学美术老师，母亲是家庭主妇。母亲在罗夏 12 岁时去世，父亲在罗夏 18 岁时去世。罗夏最初想研读自然科学，父母亲的相继早逝促使他立志学医。他先后在纽恩伯格、苏黎世、波恩和柏林学习，1910 年完成学业并获得资格。罗夏加入瑞士精神分析协会后，与心理分析学家荣格、弗兰克往来密切。他作为一名助理医生，先后在穆恩斯特林根和穆恩斯辛根精神病院工作。1913 年，他在一所私人疗养院获得一个职位，但一年以后就返回瑞士。1914 年 6 月到 1915 年 9 月，他是伯恩瓦道精神病诊所和疯人院的医生，后又成为赫里索一家医院的助理医生。1922 年 4 月 2 日，在因腹膜炎并发阑尾炎恶化后的不几天，他在这个职位上逝世，年仅 37 岁。

罗夏学生时代的诨名叫"墨迹先生"。当时流行一个儿童墨迹游戏，他非常着迷，常常找同学玩这个游戏，以至得此雅号。受父亲影响，罗夏爱好美术，他在精神病院中，看了很多患者的画。这些画有非常奇怪的内容和形式，使罗夏受到很大震动。他开始研究精神病患者的绘画艺术，开创了研究患者的艺术表现形式的精神病学方法。

另外我们还可以明确一点，罗夏在精神医学院学习时与同班同学康拉德·格瑞因(Konrad Gehring)结下了深厚友谊，这段友谊对于激励他研究墨迹对心理疾病患者的用处起了重要作用。1909 年，当罗夏成为了一名精神病住院医生的时候，墨迹图游戏已在欧洲盛行了近一百年。大人小孩都爱玩这个游戏，它还有好几个变式。墨迹图版在很多商店都很容易买到，而更司空见惯的是，游戏的参与者可以自己制作墨迹图。有时候，这个游戏被玩成在墨迹之间创造富有诗意的人际交往方式。在另一个变式里，墨迹则成为字谜的中心。当孩子们玩游戏时，他们常常自己创作墨迹图，并互相比赛谁能解释描述得最多最好。

康拉德·格瑞因在罗夏当住院医生的一家精神科医院附近的中学任教，他

和他的学生经常去医院为病人们唱歌。格瑞因发现,如果他答应孩子们,他们学习用功的话,就允许他们玩上一阵子墨迹图游戏,他管理课堂秩序的困难相应会大大减轻。罗夏被这个游戏潜在的管理能力迷住了,他同样感兴趣于把格瑞因班上的男性青少年在墨迹游戏中的反应同他自己病人们的反应作对比。1911年,他们两人以一种随意的与非系统的方式合作了一个短暂的时期,制作并“测试”各种各样的墨迹图形。

1910年,罗夏同一位俄国人奥尔加·斯坦普林(Olga Stempelin)结婚,并计划将来去俄国开业。1913年,罗夏结束住院医生生涯后移居莫斯科,不知何故,他仅在那里待了七个月就回国并接受了在国内医院的职位,然后,在1915年,他转至瑞士另一家医院任副主任。正是1917年底至1918年初在这家医院的时间里,罗夏决定进一步地系统研究墨迹图游戏。

罗夏在研究使用了近40块墨迹图版,其中有15块用得比其他的图版更频繁。最后,他收集了405名被测者的资料,并把其中的107名正常人分成“受过教育”与“未受教育”两组。样本中还包括了188名精神分裂症患者,他们是罗夏所研究的基本对象。与罗夏1911年的非正式观察相一致,精神分裂症患者群体对墨迹的反应与其他群体相比差异很大。罗夏最关键的一点在于避免或说是尽可能少地考虑反应内容,他的重点放在发展一套根据刺激反应的其他特征进行分类的模式。由此他制定出一套符号来区分不同的反应特征,其中大部分受到了格式塔学派著作的启发[主要是马克斯·韦特海默(Max Wertheimer)的]。其中有一组符号(后来被称作记号),用来表示反应用到了墨迹图的哪部分领域,诸如W表示用到了墨迹的整体部分,D表示用到了墨迹的较大的细节部分等。另一组符号与被测者主要凭墨迹的哪项特征知觉到图像有关,例如F,形态或外形;C,色彩;M,人类运动的印象等。还有一组符号则对内容进行分类,例如H代表人类,A代表动物,An代表解剖等。

图1-1 罗夏在精神病院与患者沟通交流的早期图版

1917 年，罗夏接收了波兰留学生西麻·琼斯到他所在的精神病医院实习，后者创造了一种利用墨渍图对精神病患者进行联想调查的方法。受到西麻·琼斯的启发，罗夏制作了 15 块图版在医院中进行实验，对患者的知觉形式进行分析，定名为“人格诊断法”，作为精神障碍的识别分类及诊断依据。

到了 1920 年初，罗夏积累了足够充分的各组资料，可以证明他所设计的墨迹测验法在临床诊断上具有可观的用途，尤其适用于鉴定精神分裂症患者。同时，在研究过程中他还发现，某些反应——主要是运动反应和色彩反应的频繁出现——与一些心理和行为特征有显著的相关。因此，这一测验法既具有心理学诊断潜力，用我们现代心理学的术语来说，又能够定性地探测当事人的人格特点、习惯或个人风格。

图 1－2　罗夏早期尝试创作的图版之一

罗夏的研究成果给他的几位同事留下了深刻印象，他的精神病学导师布吕勒则对测验在诊断方面的潜力非常热衷和大力推荐。他们一致鼓励罗夏出版研究成果，让更多的人也能学会使用这个测验。罗夏根据 15 块最常使用的测验图版，写出他的第一部手稿后，接连遭到几家出版社的退稿。其中有一位出版商同意接受，但要求为了降低印刷成本，把测验图版减少到六块。罗夏拒绝了这个要求并继续从事研究,他的研究样本不断扩大。1920 年,他根据新的资料,重写了手稿,再次交给几位出版商。

1920 年,友人摩根塔勒替罗夏与波恩的一家小出版社——布奇出版社(The House of Bircher)签订了合约。像其他出版商一样,布奇出版社因为印刷成本太高,拒绝复制 15 块或更多的图版。因此,罗夏同意根据 10 块他最常用的图版重写书稿。罗夏的书稿最终于 1921 年 6 月底出版。书稿名称为《精神诊断学》,它的出版带来了一个新问题:布奇出版社在复制墨迹图的时候,缩小了图版尺寸并稍稍更改了其中的一些颜色。

还有一个更重要的变化。罗夏在研究中使用的墨迹图不分浓淡;它们拥有固定的色彩。而布奇出版社在复制它们的时候,墨迹图出现了颜色饱和度的差异。几乎每张图的每部分都出现了浓淡差异,这就形成了与罗夏所使用的非常不同的墨迹刺激图。但据记载,罗夏对墨迹图的印刷错误,不但不沮丧,反而十分兴奋。据友人描述,"他立即焕发出新的热情,他懂得,这种印刷为墨迹测验带来了新的可能性"。由此,罗夏决定使用新的浓淡丰富的图版来继续他的研究。这就是我们沿用至今的 10 块图版的前身。

当罗夏著书时,他把自己的测验方法称作形式分析测验,并提醒读者他的研究成果仅是初步的,强调进一步研究的重要性。显然,罗夏渴望能够对这一测验方法进行深入的研究,接下来的几个月中,他全身心地投入研究。然而不幸的事发生了,1922 年 4 月 1 日,罗夏被送进了当地医院的急诊室,他已经持续一周感到腹部疼痛。第二天早晨,罗夏溘然辞世。罗夏去世时年仅 37 岁,从他开始全力以赴投入研究墨迹图游戏还不满 4 年。如果他能活着并继续工作下去,罗夏测验的性质和发展方向可能就会大为改观。

值得一提的是,罗夏测验的问世和推广,并非一帆风顺。罗夏在世时向瑞士心理学会提交研究论文时,反应冷淡,甚至遭到批判。《精神诊断学》一书第一次交出版社,也被退稿。罗夏测验问世后,也没能得到充分的重视。一直到二战后,一批犹太心理学家移居美国,把瑞士的罗夏测验也带到美国。罗夏测验得到了美国心理学界高度重视,展示出强劲的生命力,获得蓬勃发展。不少学者终生都在研究它,因它而获得博士学位称号的学者也不在少数。

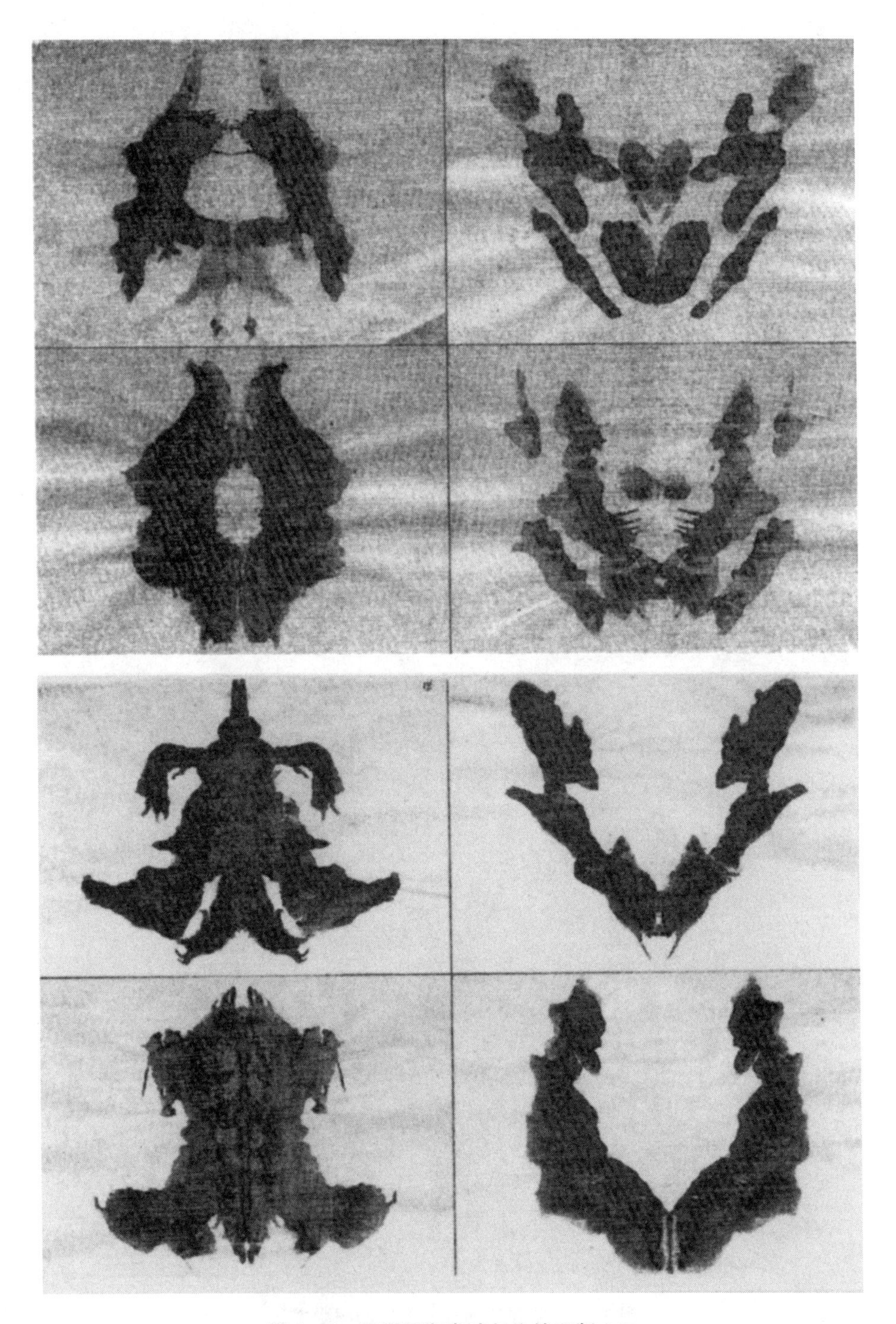

图1-3　罗夏早期尝试创作的图版之二

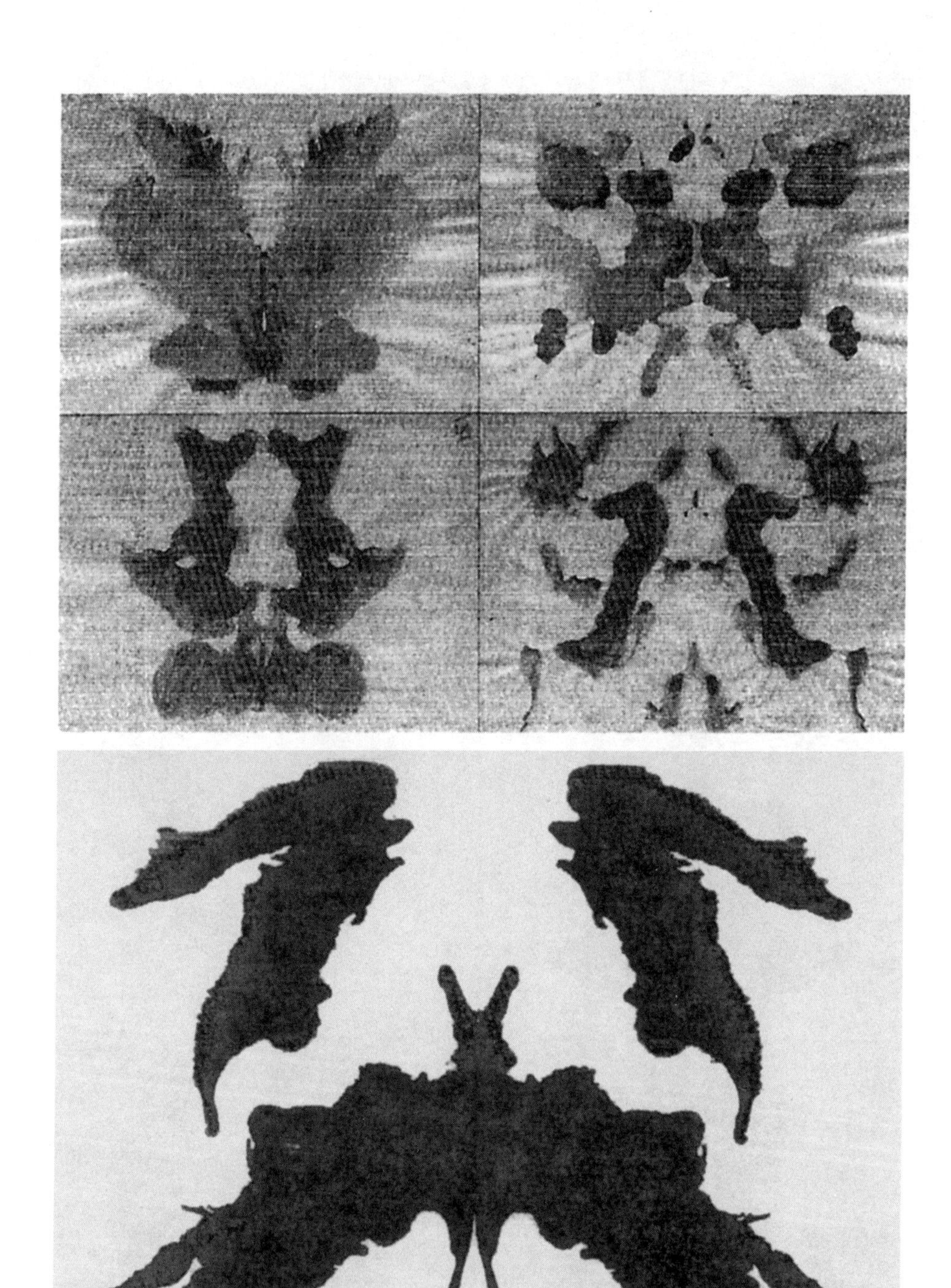

图 1-4 罗夏早期尝试创作的图版之三

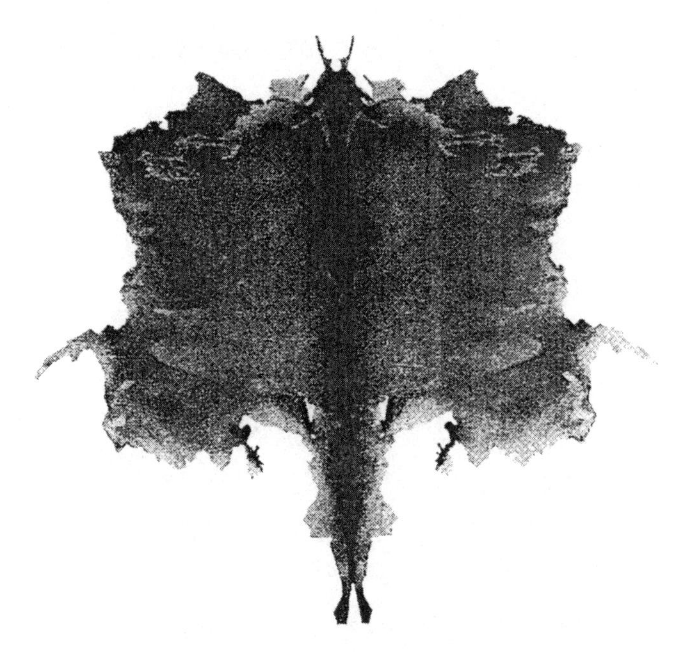

图 1－5　罗夏早期尝试创作的图版之四

心理学家贝克和克洛巴对罗夏测验进行了整理，认为它的客观性很高，用于临床心理学，不仅具有诊断价值，而且有很高的精神与心理治疗实用价值，代表了投射测验所有种类中的最高技术。

从罗夏测验的诞生史中可以发现，它的诞生有其偶然性和必然性。它的偶然性表现在：没有罗夏孩童时代对墨渍游戏的入迷，就没有后来顶着压力搞罗夏测验的热情和执着；没有波兰留学生西麻·琼斯的论文，罗夏也不会这么快就发展出一套成熟的人格测定技术；没有印刷技术的“失误”，就没有今天我们使用的测验图版。然而罗夏测验的诞生也有其必然性，那就是，即便没有罗夏与他的墨迹测验，也会有其他相同的投射测验问世。

三、罗夏墨迹测验体系的创立与五位先驱者

罗夏去世之后，他的几位同事和合作者，继续应用他所开发的测验技术，但他们的重点是放在临床精神病理诊断的应用上，即投射测验的职业化实践操作上的，并且将其与弗洛伊德的精神分析学理论紧密地挂上了钩。

形成罗夏测验体系发展的第一位名家是赛缪尔·J·贝克(Samuel J. Beck)，

他是一位哥伦比亚大学的研究生，获得过精神病理诊断研究所的助学金，通常，他会每周工作几小时，学习如何施测和解释各种智力、态度与成就测验。1929年，贝克正积极寻找一项适宜用来写作学位论文的研究课题。一天下午，研究所导师列维偶然地告诉贝克，他从瑞士回来时带回了几套罗夏墨迹图；他把它们拿给贝克看，并借了一本罗夏的书给他。贝克被罗夏的测验方法给迷住了，在列维的督导之下，他在研究所里练习使用测验。随后，在列维的鼓励之下，贝克向他的学位论文顾问、著名的实验心理学家罗伯特・伍德沃斯（Robert S. Woodworth）提议：对罗夏测验进行标准化研究。

伍德沃斯不曾专门注意过罗夏的书，但他熟悉格式塔学派的一些把墨迹用作部分刺激场景的实验。伍德沃斯在审查了贝克的测验之后，赞同用儿童作为被试进行标准化研究，有助于研究个体差异。这样，就在罗夏逝世将近七年之后，由贝克发起了对罗夏测验的第一次系统性研究。正是这次研究，开启了贝克成为罗夏测验研究领域的真正的大家之一的研究生涯。

贝克用了将近三年的时间，收集和分析数据。他一共测验了150名儿童。在这段时间，他与两位密友保持着接触，拉尔夫（Ralph）和玛格丽特・赫兹（Marguerite Hertz），他们是贝克十年前在克利夫兰当报社记者时认识的。贝克刚开始他的研究时，赫兹正好来纽约。那时玛格丽特・赫兹也是一位心理学研究生，正在克利夫兰的西部预备大学（Western Reserve University）求学。这是此后罗夏测验体系五大流派中唯一的一位女性专家。

当赫兹来看贝克时，后者告诉了她一些有关罗夏测验的概念，赫兹立即意识到，这是一个非常有发展前景的测验。于是她同样申请把罗夏测验作为自己毕业论文的研究方向，并设计出一个除样本取样外，其他方面都与贝克的相仿的研究计划。这样一来，赫兹开始了对罗夏测验的第二次系统研究。其中两篇研究论文均于1932年完成。研究生毕业后，赫兹在克利夫兰参与了一项由布瑞希基金会发起的详尽的多学科的儿童研究，贝克则接受了一个波士顿精神病医院与哈佛医学院的联合工作职位。

无论是贝克还是赫兹，他们的毕业论文都没有在罗夏的记分和符号体系基础上增加新的内容。他们的研究成果为研究儿童的反应增加了重要的数据，但比取得数据更重要的是，他们获得了丰富的罗夏测验的感性经验，后者有助于他们更好地理解罗夏所使用的理论框架。当他们结束工作的时候，两人都清醒地认识到还有很多工作需要做。因为贝克和赫兹两人都受过严格的临床实验方面的心理学训练,所以他们的研究结果和他们的推论都很相似。

对罗夏测验体系发展贡献巨大的第三位名家是,20 世纪二战前夕受到德国纳粹冲击,并且与著名心理学家和精神分析指导师荣格有着个人友谊的心理学家布鲁诺·克劳帕弗(Bruno Klopfer)。克劳帕弗 1922 年获慕尼黑大学哲学博士学位。他是一名儿童心理学专家,研究重点是与学业进步有关的儿童情绪发展问题。后来,他成为柏林儿童辅导信息中心的一名资深教师。这个研究机构,与贝克在纽约早期研究罗夏测验时所在的儿童辅导研究所,在宗旨和范围上十分相似。但与贝克 1932 年时就热衷于罗夏测验不同的是,克劳帕弗起先对罗夏测验并不感兴趣。他所受到的训练和随后的研究都明显是人类现象学方向的,他到那时为止的研究兴趣是弗洛伊德和荣格的心理分析理论。

克劳帕弗自 1927 年开始接受个人精神分析,1931 年起受精神分析训练,他最终的目标是成为开业的精神分析师。1933 年,关于对亚利安与非亚利安儿童的研究和服务,德国政府对柏林儿童信息中心发出了许多指示。同时,德国社会排斥犹太人的压力也越来越大,使得克劳帕弗决定离开这个国家。克劳帕弗的精神分析培训指导韦纳·赫尔布闰(Weiner Heilbrun),帮助克劳帕弗同德国境外的心理学专业工作者接触,想为他物色一个研究助理的职位。卡尔·荣格作出了积极反应,他告诉克劳帕弗,他 1933 年将在苏黎世展开学术活动,如果克劳帕弗能来苏黎世,他将为后者提供一个职位。

荣格为克劳帕弗提供的,是苏黎世心理技术研究所的技术员一职。这个研究具有许多功能,其中之一是为各个行业的求职者做心理测验。罗夏测验是常规使用的测验工具之一,由此克劳帕弗需要学习测验如何施测和记分。在克劳帕弗担任技术员的将近 9 个月的时间里,他被罗夏的《心理诊断法》中的一些基本原理所深深吸引,但他对测验的教学和应用并不非常感兴趣,而他最心爱的仍是精神分析。在苏黎世,他能够有机会与荣格密切接触。然而,区区一个技术员,与他在柏林的颇具声望的资深教师一职相比,毕竟大为逊色。克劳帕弗希望继续在瑞士以及其他国家申请更好的职位。终于,他申请到并接受了哥伦比亚大学人类学系研究助理一职,于 1934 年移居美国。有趣的是,差不多同一时间,贝克受洛克菲勒基金会资助,赴瑞士向奥伯豪尔泽学习一年。贝克预想,他去瑞士学习将有助于他更好地理解罗夏的概念,尤其是后者对浓淡丰富的墨迹图的概念的应用，这些新的墨迹图是在罗夏发表专著的同时创造出来的。

到1934年为止，贝克已经发表了九篇描述罗夏测验在研究人格组织和个体差异方面的潜在价值的文章。前三篇文章早在贝克完成学位论文之前就发表了，所以到了1934年，美国已经开始对罗夏测验相当感兴趣，心理学界与精神病学界都对它怀有兴趣，这股兴趣同欧洲在罗夏逝世后10年间对罗夏测验的兴趣很相似。

贝克在波士顿精神病医院和哈佛医学院中教授了两年罗夏测验，赫兹则为布瑞希基金会的技术员和西部预备大学的学生讲授这个测验。这一背景对他们的职业生涯产生了很大的影响，并最终促使他们成为罗夏测验研究领域最重要的先驱人物之一。

直到1936年，另一位大专家克劳帕弗把他的大部分时间都用到了罗夏测验上。下面提到一件很重要的事情，那就是正当克劳帕弗和他的小组设法发展罗夏测验的时候，当时整个的学术气氛并不鼓励新的创造。那一时期，美国心理学界对人类现象学不以为然，它把心理学定位在坚持"纯科学"的传统上。行为主义受到嘲笑，任何一位偏离实证主义的严格要求或不愿意接受实证主义信条的人，多少都要遭到冷遇。这就为克劳帕弗带来了一个大问题，对于罗夏测验的发展来说，影响就更大了。

克劳帕弗很快认识到，需要传播罗夏测验的信息，特别是那些在他开设的研讨班上，每次采纳新记号，发展新记分公式。1936年，他开始出版油印的专业简报，起名叫《罗夏研究交流》，后来发展为《投射技术期刊》，最后成了《人格测量期刊》。专业简报的主要目的是提供罗夏测验发展的最新动态，就在克劳帕弗私人指导的研讨班以及他在哥伦比亚大学的督导研讨班上，罗夏测验有了新的发展。此外，简报还有另一个目的，即克劳帕弗认为《交流》期刊有可能成为分享测验的研究数据、观点和经验的传达媒介。

《交流》第一期问世后，遭到了贝克的严厉批评，贝克认为他们应用罗夏测验的方式过于主观，尤其是克劳帕弗的测验记分运动。

1937年初，两派争论的事态逐渐演变得不可收拾。1936年，《交流》向贝克发了约稿信，贝克寄给他们一本他准备了近两年的书稿。这是他的第一本书，《罗夏测验方法入门》，也是美国正统精神病学会1937年出版的第一本专著，它后来被称作"贝克手册"。克劳帕弗决定拿出《交流》的大部分版面来登载针对贝克手册的评论文章（Klopfer，1937）。不出所料，评论文章大多持否定态度，批评贝克不愿增加新的记号以及他对反应的形态良好与否的判定标准。自然,这又引起了贝克的回应,克劳帕弗把贝克的回应登上了《交流》的第二期(Beck, 1937b)。贝克的这篇文章,《有关罗夏测验的一些问题》,严厉批评了克劳帕弗的测验方法,并用实例证明,在他们俩的研究方向上存在非常重要的派系差别。

《交流》的再下一期中,发表了一系列针对贝克回应文章的评论,其中大多数来自克劳帕弗的追随者或倾向于克劳帕弗研究方向的人。很显然,许多文章对贝克大加批评,有些甚至公开表现出敌意。而所有这一切,只有使得贝克更加坚定自己的学术立场。

玛格丽特·赫兹,决非出于她本意,也被卷进了贝克和克劳帕弗之争。像贝克一样,她是最早认识到需要进一步发展测验的人之一,并且从她第一次接触罗夏测验开始,就一直致力于测验的发展。她与克劳帕弗起初是通信交往,接着又有了当面接触,她对克劳帕弗试图采用联合的方式研究测验的努力持肯定态度。但和贝克一样,她采纳仔细的调查研究。当贝克—克劳帕弗的派系之争在《交流》中表现得如此明显时,她试图担负起调解之职。她的第一次努力是于1937年在《交流》上发表了一篇文章,文中指出贝克据以推论的数据基础存在相对局限,同时批评克劳帕弗小组"想要改良测验记分法,结果陷进了符号的迷宫……"虽然这篇文章对调解贝克和克劳帕弗没有起到什么作用,但它指出了他们两者各自潜在的缺陷。虽然如此,赫兹仍然希望罗夏测验能够采用更统一的标准方法,她过一段时间就会提出一次新的恳求,希望争论双方能够取得和解与妥协。

即便赫兹和其他一些人采取努力试图在贝克与克劳帕弗之间达成妥协,双方的裂痕仍继续扩大,直到1939年,达到双方都不再认为有调解可能的程度。自此以后,双方不再交流,无论是文字的还是口头的。他们各自在二战结束后,出版了自己研究的关于罗夏测验体系的一套三卷本著作。

玛格丽特·赫兹仍在克利夫兰西部大学任教,她发表了60篇以上有关投射测验的文章,同时还有一套非常详细具体的频数统计表格,用于形态质量记分,并屡次修订(Hertz, 1936, 1942, 1951, 1961, 1970)。事实上,根据各自的理论和或实证偏向,每个人都走出了一条自己的道路。由此罗夏测验分裂成为彼此差异很大的三个体系。然而罗夏测验仍将经历进一步的派系分化。

罗夏测验第四大体系的创立者西格蒙德·帕屈斯基(Zygmmunt Piotrowski),他原本是克劳帕弗第一轮研讨班的成员之一,他是纽约神经病研究所的博士后研究员。帕屈斯基接受过实验心理学的训练,曾于 1927 年在波兰的波兹南大学(University of Poznan)获哲学博士学位。帕屈斯基想通过去其他大学学习,接受到更广泛的教育,于是在取得博士学位后,又在巴黎的梭尔邦大学(Sorbonne)学习了两年;随后接受了哥伦比亚大学内外科学院讲师和博士后研究员的职位。他接受这个职位的初衷是学习神经学,当时他正对符号含义的逻辑发展十分感兴趣。帕屈斯基对罗夏测验所知甚少,他仅为一位当时正在学习使用罗夏测验的研究生当过被试。凭着这一点有限的经验,他对测验的性质有一个模糊的概念,但并不感兴趣。作为哥伦比亚大学的博士后研究员,帕屈斯基同许多心理系的研究生有接触,在其中一位的鼓动下,他决定参加克劳帕弗的第一期研讨班。这个多少有些偶然的决定,结果使他迷上了罗夏测验,但他不是像克劳帕弗所鼓励的那样关心如何发展测验,而是对罗夏测验鉴别创造性的潜在能力感到着迷。他尤其感兴趣同神经心理有关的问题,以及它们是如何在这个相对模糊的测验情境中起作用。在最初几轮研讨班中,帕屈斯基与克劳帕弗始终保持密切接触,他提出了一些新记分法的设想,它们后来都成为克劳帕弗体系永久的固定组成部分。

1950 年,帕屈斯基出版了一本专著,书中包涵了他的独到方法的核心所在。后来他又出版了一本详尽的教科书:《知觉分析法》(1957),在这本书里,帕屈斯基用自己睿智的知觉分析法整合出了一个使用罗夏测验的新体系。由此,他的关于罗夏测验的不同于贝克、克劳帕弗和赫兹的第四种使用方法诞生了。

但是在帕屈斯基完成他的测验工作之前,美国还有另外一个人对罗夏测验的使用和发展造成了显著影响。他就是戴维·瑞帕珀特(David Rapaport)。瑞帕珀特研究了罗夏测验和其他一些心理测验后确信,这些测验将有助于研究观念的活动。他还受到了亨利·默里(Henry Murray, 1938)著作中有关投射过程及其与人格研究的关系这部分内容的强烈影响。他的研究小组在 1946 年出版了一套名家手笔的两卷本丛书:《心理诊断测验》。

书中集中论述了包括罗夏测验在内的八大心理测验的临床应用。这本书对于确立通过多种测验构成诊断评估包提供信息,从而更完整丰富地了解个体这一观念起到了重要作用。

瑞帕珀特十分了解贝克和克劳帕弗之间的争论,他尽力避免偏向任何一方。他最终采用的罗夏测验方法在某些方面象克劳帕弗的,但也与克劳帕弗方法有很大的差异,同时又受到了自己心理分析倾向的许多影响。他的两卷本的书中经常出现强调数据的图表，但他得出的结论却经常无视数据或远远超出了数据，仅反映瑞帕珀特自己对当事人心理的分析推理。于是终于形成与其他四种测验体系不同的第五种方法，即以心理分析和人格发展推理的罗夏测验模式。

综上所述，在略微超过二十年（1936—1957）的时间里，美国发展出了五种罗夏测验的体系。它们彼此之间并非截然不同，但大多数的相同之处都包含与罗夏原著紧密结合的元素。除了这些之外，五种方法又令人难以置信地不同，甚至在有些方面，它们之间的差异使得人们根本无法比较它们的记分及解释方法（Exner, 1969）。除此以外，此时罗夏测验繁荣发展，使之成为临床诊断的主要依靠的测验之一。

四、罗夏墨迹测验综合系统的确立与发展

1974年，美国的学者埃克斯纳（Exner, J.E.）在综合五大体系的基础上，出版了罗夏测验的"综合系统"研究的著作，不仅使其成为临床诊断上鉴别精神分裂症、抑郁症、强迫症等异常心理的有效工具，还成为研究正常人的知觉、智力、人格和潜力发展等理论依据。

埃克斯纳高中毕业之际，正遇上朝鲜战争爆发，他参军成为一名飞行员。在朝鲜上空一次空战中，飞机被击落，一名战友死亡，埃克斯纳和另一名战友幸存，这促使他决定放弃军队生活，回国进大学攻读法律学位。结果被未婚妻劝说去听了罗夏墨迹测验的讲座，内心完全被这一课程"俘虏"，成为克劳帕弗教授的罗夏测验的"铁粉"，以后又成为研究助手。

此后，埃克斯纳自己成为一名大学教师，在课堂上同时讲授贝克和克劳帕弗的两种不同测验体系。当时他声称是为了完成自己的博士研究论文，埃克斯纳把罗夏测验的五种不同体系进行综合的研究，形成一套整合的测验方式，并且把它作为自己一生的研究事业。

埃克斯纳力图使罗夏墨迹测验形成一个标准化的测验体系，他把自己的测验体系命名为"综合的罗夏测验系统"，形成一套立体式的人格和心理评估模式，主要分以下几个方面：

（1）自我感知与知觉特征；

（2）概念的形成过程；

(3) 情绪的控制(包括内控与外控);

(4) 人际关系的处理方式;

(5) 信息的媒介方式与处理;

(6) 压力的感知与耐受性;

(7) 认知的转换与组织。

埃克斯纳把这七大方面,分成为人格特征的7个标志性特征,并确定了84个记分项目,综合成构造化的测验系统,并尝试初步建立测验的数据常模,至今影响着各国罗夏测验研究者的研究思路,是目前国际上较为流行的测验体系之一,(我们将在第七章中再予以详细介绍)。

表1-1 罗夏墨迹测验研究的发展期

时 期	研究的发展变化
第1期(1910—1930)	以罗夏为代表的墨迹测验方法与技术的确立,以少量的测试样本获得丰富的精神活动或诊断信息。
第2期(1930—1950)	以"精神病理学模型"为主,进行临床诊断评估技术的开发,并开展不同病理类型和群体的研究比较。
第3期(1950—1968)	发展停滞期:继续开展第2期确立的研究方向。
第4期(1969—2000)	以埃克斯纳为代表,罗夏墨迹测验从"精神病理学模式"向"心理学模式"过渡,注重人格的理解,解决个人适应问题。
第5期(2000—至今)	从仅是专家的研究模式和测验技术的窠臼中解脱出来,作为心理健康的援助,危机介入干预,一种社会与人际良性互动的评估工具。

从表1-1可以看到,罗夏测验体系的发展经过了五个不同的发展时期,尽管20世纪50年代后到60年代有所停滞,但这个年代的专业工作者们仍然在广泛的应用罗夏测验,也就在这些年间,临床心理学的角色和任务发生了很大的改变。

整个1950年代,临床心理学家的主要任务是精神与心理诊断,到了1960年代早期,这一专业开始拓展自己的业务范围。新的行为认知和干预模式开始流行,大多数的临床心理学家发现自己更多地在从事临床干预的计划及实施。到1960年代末,一些大学减少甚至取消了关于评估测验的培训。但是临床评估(这个术语开始取代心理诊断）继续在专业领域大显身手，罗夏测验仍然是人们使用的标准测验之一。

五大流派的测验体系尽管存在着各种差异，有些流派之间的差异甚至不可调和，观点对立非常尖锐，人们按各自的观点对它们或褒或贬地进行描述，但他们都承认有一个独立的投射测验技术——罗夏测验的存在。这一理论概念或技术之所以能够保存下来，它有一根或一套共通的线索，把各个不同的测验体系最终牢牢地联结在一起了。主要有以下五个方面的课题：

一是罗夏测验技术的共通主题内容——“测什么？”

（1）多样性与共存性并存。不同的人看同一个图版，从中可以看出诸多不同的个性与共性的刺激和反应。

（2）偶然性与必然性并存。对图版的反应既有个体经验导致的随意性和偶然性，又有由于图版的对称结构带来的认知的局限性与必然性。

（3）罗夏测验可诊断人格的异常性及精神病理程度，了解对象个体的表层意识和潜意识，了解自我存在的强度及特性。

（4）罗夏测验可检测个体对现实的适应能力，包括智商和发展潜力。

（5）罗夏测验可辅助现场的心理咨询与治疗活动。

（6）罗夏测验可以检测正常人的人格发展，感知觉的特征，以及对压力、危机的处理方式等。

二是罗夏测验技术的共通运用问题——“怎么测？”

测试的过程是一个刺激与反应的连锁过程。第一步，主试向被试出示测验图版，图版是刺激，被试的回答是反应；第二步，主试对被试的回答进行记号化的记录，这里，被试的投射是刺激，主试的记号是反应；第三步，主试根据记号进行分析、解释，此时，记号是刺激，主试的分析和解释是反应。

此外测验时须注意：

（1）被试的身心状况和周围环境、主试的技术好坏和态度，都会影响测验的准确性。

（2）测验的记录取决于主试的专业水平、技术熟练度，以及他对被试反应的及时把握和详细记录。

（3）主试的专业能力、洞察力、翻译能力、理论技术的把握能力，以及根据记号进行推理、预测的能力对测验结果的准确性有很大影响。

三是到手的刺激——反应记录,即投射出来的形象和概念如何"解读"——"怎样分析?"

罗夏测验的各种体系尽管不同,但分析方法还是有一些共通性的,即分析时须对被试的一些特殊记号进行还原。罗夏测验的分析包括三种技术:

(1) 形式分析。即对反应的记号进行数量的分析,根据数据来解释人格特征。

(2) 内容分析。注意被试内容联想的不同感知层次以及情感趋向,包括独特性和普遍性两方面。

(3) 序列分析。对每块图版的投射内容按序一一进行针对性分析。

四是如何根据被试投射的断片的信息、数据,综合起来进行心理的诊断和分析——"如何评估?"

(1) 对罗夏测验中刺激、反应的解释,注意主、被试间的咨访或人际关系。

(2) 在分析、解释时,不在于被试看到了什么,而在于被试是怎么看的,为什么从这个角度去看,着重了解被试的内心体验。

(3) 被试对某些图版或图版中部分领域不回答或拒绝回答,也是有意义的内容,应予重视,不要遗漏。

(4) 评估报告若一味抄袭理论书中的结论和用语,会淹没学习者的个性和主观能动性,主试或技术学习者应训练自己的洞察力、直观力,学会黑箱式分析。

(5) 最终的评估报告,除了在测验中得到的信息,还有考虑被试其他的社会信息,如个人生活史、家庭状况、感情、情绪、行为等的生活史等。

五是罗夏墨迹测验实施过程中的伦理问题——"如何保护被试?"

(1) 被试的人性、隐私问题。

被试面对图版,有一个广大的联想世界。有做游戏的感受,可能会觉得快乐,而有些被试则会产生不安的体验。如强迫性神经症患者,可能对图形产生恐惧感,主试应及早进行心理疏导。

(2) 主试的专业知识、技术和能力关系到测验结果的信度与效度。主试应不断参与研讨进修,接受案例督导,提高自己的技能和理论水平。

(3) 罗夏测验不仅仅用于心理测验,也可用于罗夏图版心理咨询和精神分析。重在被试体验和感受,因此必须遵守伦理规则。

(4) 罗夏测验也可用于团体心理辅导中,这时必须考虑,保护好被试的心理和生活隐私,按照测验和心理辅导双重伦理规则,设计心理辅导活动。

第二章　罗夏墨迹测验的施测方法

一、施测前的准备工作

1. 测验工具：罗夏墨迹测验图版（一套 10 块，使用正版以保持清晰度）

如练习和学习使用，正版难以入手，须用高清照相版。罗夏墨迹图版是一种墨印和色彩浓淡有层次的抽象图片，能引起被测者丰富的投射和联想，而劣质的图版将使被测者的知觉刺激一反应大打折扣，甚至抹消了罗夏测验的心理学效果。

2. 罗夏墨迹测验记录用纸（见本书附录，华东师范大学心理与认知科学学院，徐光兴修订）

其中包括被测者个人背景，生活史和身心健康状况表；十张图版的测验记录表；罗夏测验的数据归类，整理表；人格的评估；综合的心理报告书等，需要认真地操作和写作。

3. 计时秒表或手机计时功能

罗夏测验需要对被测者感知到的投射印象前后过程进行时间的计算，它们具有重要的心理学含义，是测验数据分析的基础。如果施测者是右撇子，右手记录，则左手持秒表于膝上；如果施测者是左撇子的话，则左手记录，右手持秒表，置于膝上记录；两者都以不干扰被测者的投射联想或反应行为为好。秒表功能的准确使用及音响的减噪，都需要施测者预作训练。

4. 笔记本和记录笔

罗夏测验如果是用作心理咨询和治疗中的诊断评估或分析线索，有时需要对一些重要的反应细节和对话，进行逐字逐句的记录。这时原来准备的罗夏测验记录纸会不够使用，需要使用记录更为详细的本子或录音笔。此外，如果对一些重要的对话和行为观察，需要修改和更正的话，推荐使用铅笔和橡皮擦则效果更好。

5. 录音笔或其他有录音功能的器械

施测者在测试过程中,既要观察被测者的表情、行为等反应,又要记录,并及时用秒表计测时间等,有时会顾此失彼,影响测验效果。如果有录音可利用,对今后的数据分析和评估依据的写作会更为有利。但需要事先得到被测者的认可,因为心理咨询与治疗的伦理准则一样,任何心理测验也必须遵守应有的伦理规范。

二、测验的场面与坐姿

罗夏测验的物理环境要求:房间大小适中,光线适中,不要有直射的阳光干扰。环境较安静,没有外界的噪音打扰,因此电话和手机等都处于静音状态。进入测验室之前,罗夏测验用的图版和工具等都应准备妥帖。

施测者和被测者在测验室的坐姿,按照美国学者埃克斯纳的说法,以及不同的流派体系有不同的坐姿安排。主要有以下三种:

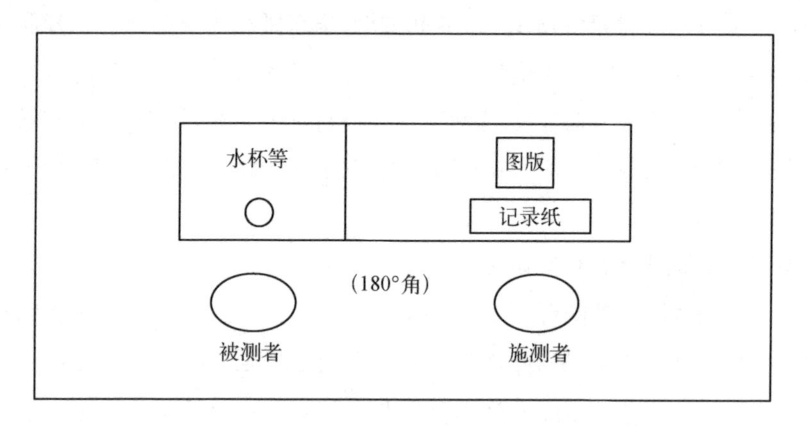

图 2-1 罗夏测验体系中克劳帕弗与赫兹主张的坐姿法

这种坐姿是被测者和施测者以横向的 180°同一横向座椅为主,根据施测者的左右手使用习惯,即施测者是右撇子,左侧座椅是被测者,施测者从右侧将图版一枚一枚递给被测者;左撇子则桌椅和用具布置相反。这样做的好处是防止年龄较小的孩子,由于游戏心重,随便取桌上图版玩弄。同时与青少年被测者坐一起,容易让对方产生亲切、安全的师生似的教育辅导情景。不利之处是成人被测者如果是神经症患者,容易产生焦虑或压力感,情绪易产生波动,而施测者的

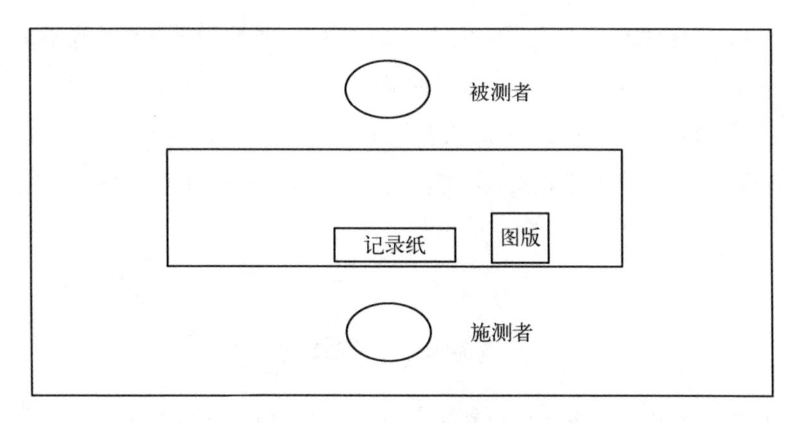

图 2－2　罗夏测验体系中瑞帕珀特的对面法坐姿

秒表计时隐蔽工作也不易实施。

这种坐姿法，对于施测者观察被测者的表情，行为变化很方便，对于临床氛围的心理检测场面有一种全局的掌控，特别适合于在精神病院，司法机构或者监狱等场所实施，与被测者保持一定的距离感，又不失控制感；不利之处在于双方良好的测验关系很难建立，被测者有一种被询问，被审视，受调查的"对立"情绪产生。

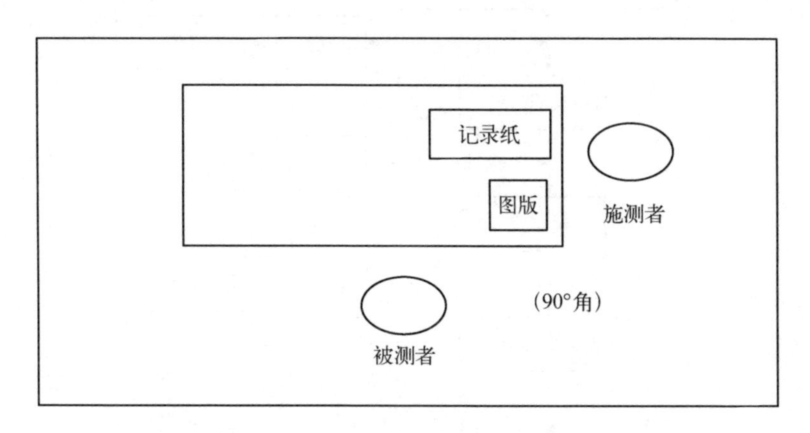

图 2－3　心理咨询场面的日本式坐姿法

这种坐姿法，施测者和被测者的双方测验关系建立比较自然，根据施测者的左撇子和右撇子的生活习惯，双方的座位可以变换。并且，双方的视线移动，表情和行为的变化等，可以更加自由，因此测验过程的氛围也就更轻松一些，介于图 1 和图 2 两种不同坐姿的中间场景，也是本书推荐的测验场景坐姿之一。

测验室的环境布置和氛围，往往会影响到心理测验效果，不能不加以重视。罗夏测验过程中，施测者采用哪种坐姿，要充分考虑被测者的年龄、文化、受教育特征，以及生活背景、人格状态和情绪变化状态，来选择最适当的测验场面和坐姿法。一个专业的心理测验工作者在施测进行前就应该对这些了然于心。

三、施测的程序与过程

罗夏墨迹测验是对个体从感知觉运动，投射联想到情感与人格等各个方面进行测试和理解，所以按照规范的程序和施测过程来进行非常重要。施测的程序包括测验前的准备工作，施测前的动机引导和情绪疏导，测验开始后的自由反应阶段、质疑阶段、界限确认、数据记录和整理，以及最终的结果解释与分析，甚至还包括从评估报告中推出对被测者今后发展的心理预测等，其基本过程参见图 2－4。

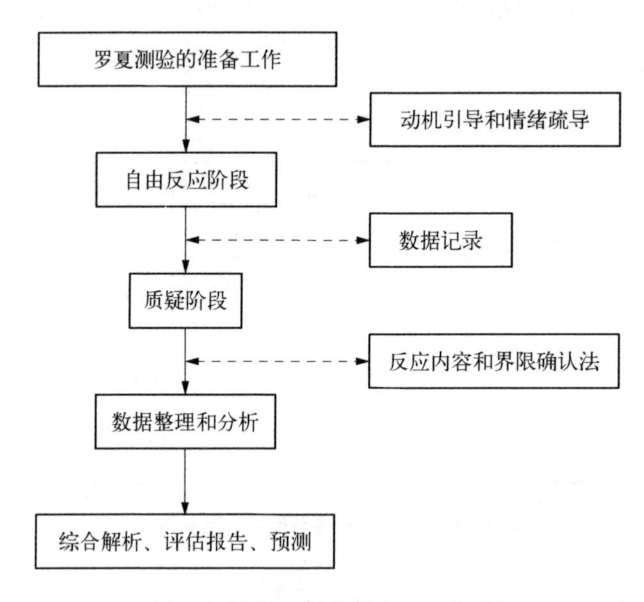

图 2－4　罗夏测验的基本程序与过程

罗夏测验开始之前，对于初学者和技术不熟练者来说，施测和被测双方的信任关系建立是测验结果成功与否的关键。施测者需要接受类似心理咨询和治疗那样的结构化临床面谈的训练。同时，被测者常常也会产生临测前的紧张或不安的情绪，致使一些重要的语言、行为和表情的交流受阻，所以对被测者受测动机的把握和情绪疏导十分必要。测验前导入的过程如图 2－5。

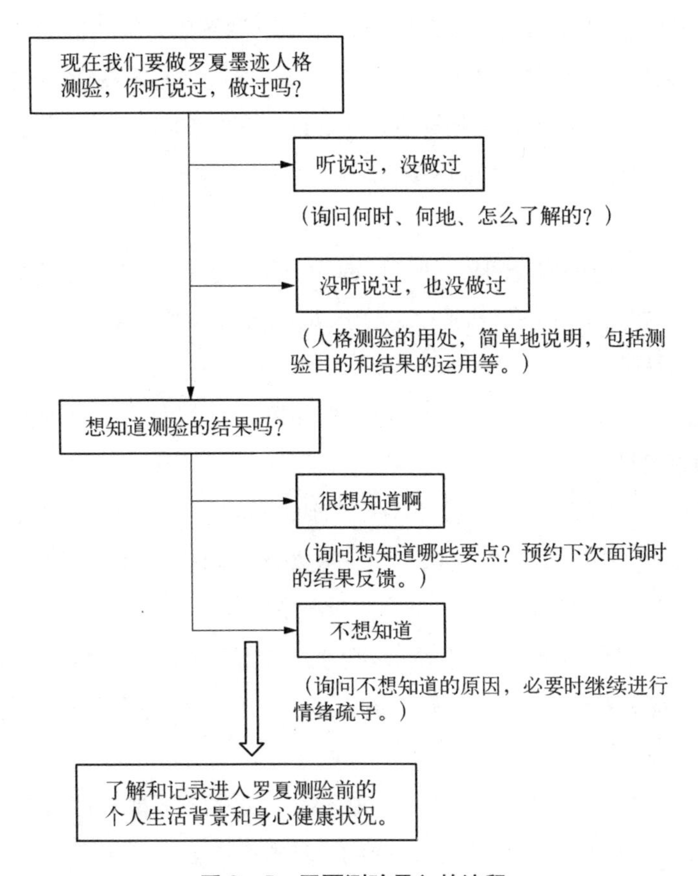

图 2－5　罗夏测验导入的流程

然后进入测验两个最重要的阶段，即自由反应与质疑（包括反应内容和界限确认）。

1. 自由反应阶段

在自由反应阶段，可以再次向被测者说明测验的目的，通过寒暄，解除被测者的心理紧张。在对方对测验产生一种积极的接受动机后，施测者可对他说以下指导语："下面给您看十张图版，在每张图版中你看见了什么，像什么东西，请表述出来。不管看见什么，都可以表述，没有正答、误答。图版可以从任何角度、任何方向去看。看完以后,没有其他您想要说的话,请将图版交还给我。有什么问题,请向我询问,您准备好了吗?”

然后将图版一张张交给被测者,尚未出示的图版正面朝下叠放。注意提示被测者图版可以旋转、可以远近移动,但不能离开被测者的手。

被测者经常询问的是:“不管什么都可以吗?”“图版方向可以旋转吗?”施测者通常回答:“请随便,按您的意愿进行。”指导语讲过一遍之后,不需再讲。如对方再提问可否倒转着看,可按指导语再说一遍。有的被测者不接图版,测定者可做一个示范动作给他看,如再不接,疑为心理警戒过高或智力低下,可以继续提示。

当被测者反应停顿时间较长时,可询问一句:“还有其他的吗?”注意不要反复提问,更不要强求对方作出反应。对于幼儿、弱智和严重精神病患者,可用语言进行适当鼓励。

每张图版的反应时间以五分钟为标准,如超过十分钟,应中止,收回图版。

2. 质疑阶段

质疑旨在明确被测者反应的意图、本质,帮助测定者进一步详细记录和整理。其过程与自由反应阶段一样,从第一张图版开始,一张张地质疑询问,没有时间限制,但必须注意反应领域。

指导语:“请您再次看看这些图版,刚才您看到了各种各样的东西,我想知道您为什么这样看?从哪个角度、哪个方向、哪个部分来看,能不能给我说明一下?因为我也想像您那样去看它们。”

例如在图版Ⅰ中,被测者的反应是“蝙蝠”。正确的质疑是:“您说图版中的墨迹像蝙蝠,请说明一下,您为什么这样看,从哪个部分看?”错误的提问:“这是一种什么样的蝙蝠,它在干什么?”

正确的质疑有以下三项原则:

(1) 运用心理咨询中的反馈技术。例如,被测者:“像动物皮毛。”施测者:“您看它像动物皮毛,是从什么角度来看的?”

(2) 将反应内容加以明确化。例如,被测者:“像土著人的女性。”施测者:“像土著人的女性,是因为?”“您认为它是土著人的女性的原因是?”

(3) 收集附加信息和附加反应。在自由反应阶段,对没有具体说明的反应内容。在质疑阶段,请被测者加以具体说明,同时也对自由反应阶段的反应进行提炼与升华。在此阶段,被测者可能作出一些新出现的反应内容,即附加反应,这些反应也要记录下来,注明符号是“Add”。这些附加反应不计入反应总数,但在案例报告最后需特别加以说明。

3. 界限确认法

质疑阶段后,对其中一些特定的不明确的反应内容,可进行界限确认法。这时施测者对反应中有疑问的地方进行重点提问。例如,施测者会想:“他是否真的看到某种东西?他是否使用了图版某个领域?”施测者可就这些疑问直接提问。这一阶段的提问,原则上应该是从一般到特殊这样一种认知层次进行。

如质疑阶段都已经明确的反应问题,可省略界限确认法这一步骤,但在下列情况下必需使用界限确认法:

(1)被测者是严重的心理障碍患者。

(2)经过质疑阶段以后,施测者仍有疑问的情况下,可使用界限确认法提问。例如看到图版Ⅷ反应是“花”,但被测者没有说是从色彩得出的反应,界限确认时可以问:“您说它像花,是因为图版的色彩吗?”

(3)被测者如果有一些独特反应,例如把图版Ⅱ中的红色部分反应成月经的血,施测者可以界限提问:“一般人认为这是红色的领结,您认为如何?”

在使用界限确认法时要注意以下这些反应,要着重加以了解:人类运动反应(M)、色彩反应(C)、阴影反应(S)和平凡反应(P)。

在界限确认时,还可请被测者讲一下对测验的印象,然后在十张图版中选出最喜欢的一张和最讨厌的一张,或者再从图版中找出最能代表自己形象的图版,包括最能代表自己的父亲、母亲形象的图版等。便于今后对被测者的家庭构造和亲属动力关系进行心理分析。

质疑阶段主要是对反应领域(Location)、决定因素(Determinants)和反应内容(Content)进行明确化的过程,对自由反应阶段的测验工作起到辅助的作用,同时也是给被测者提供新的附加反应的机会。而界限确认法则将重点放在人类运动反应、色彩反应、阴影反应和平凡反应上面,是因为它们这些数据指标对被测者的人际关系,情绪和情感活动性质,以及认知和智力活动的性质,有着很强的心理学分析含义。

质疑阶段的实施方法如下:

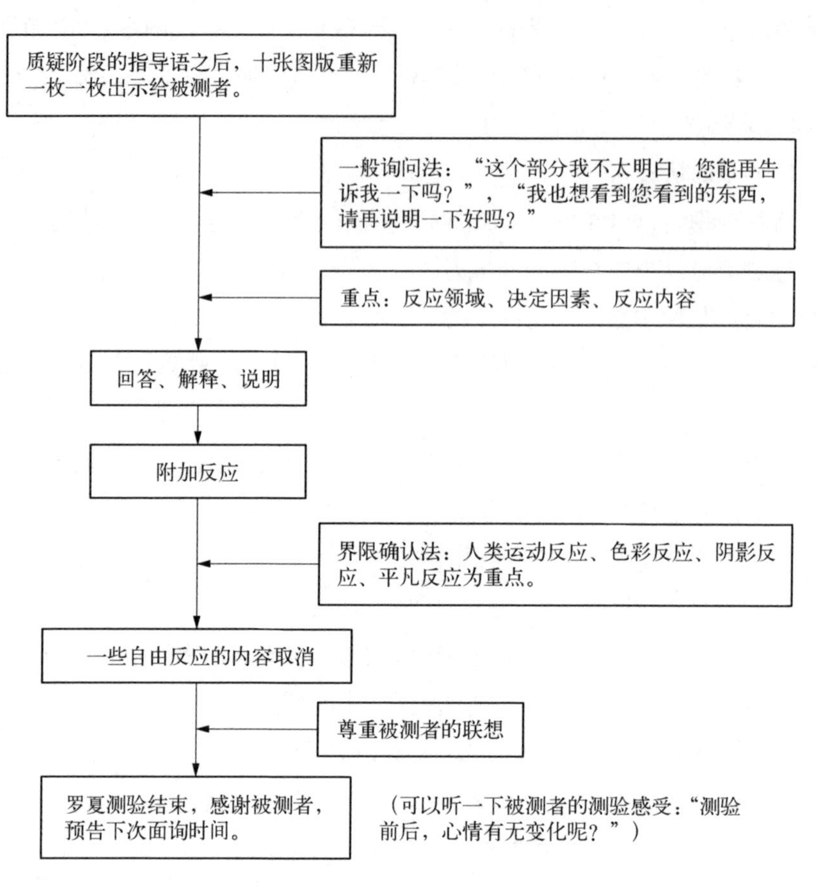

图 2－6　罗夏测验中质疑阶段和界限确认法的流程

4. 罗夏测验流程中要注意的事项

（1）被测者在对图版进行反应时，同一类的印象和事物反复出现。表明其反应具有偏执性、固执性，表现了被测者的强迫性倾向（不同于强迫症）。这样的测验结果的信度和效度存疑。如一次测试有 60% 的反应内容是同类的，质疑不再进行。过一段时间重新测试。

（2）有的被测者没有色彩反应，这种类型的人相当少。如完全没有色彩反应，在质疑阶段前，要充分考虑被测者是否有色盲症状，色盲的程度如何。辨色测试可直接利用罗夏测验图版进行。施测者取出图版 X，稍稍离开点距离（1—1.5 米），让被测者辨认色彩。如果色彩都说对了，说明被测者不是色盲，而是对测验图版缺乏色彩反应，所象征的是情感反应缺乏。

(3) 在测试过程中,十张图版其中有2张或2张以上的图版没有任何反应内容,或拒绝反应(Rej)的场合,测验可以中止。说明被测者有强烈的阻抗心理或认知功能出了问题,需要进行情绪的疏导或智力活动的检测,日后才重新施测。

(4) 自由反应阶段,施测者要始终以耐心的倾听为主,过于主动的诱导或对话,要减少到最低,以不干扰被测者的自由联想进程为原则。

测验完毕,进入分析和解释过程。熟练的测验者,质疑完毕时,反应记号化已经完成。再经过数据分析整理,可将一部分结果有选择地反馈给被测者,但须注意,记录用纸和数据表不出示给被测者。

5. 罗夏测验的心理分析程序

按以下四个方面进行深层心理的分析:

(1) 首先对被试的人格作基本分析: 包括内、外向,近期的生活欲求、情感、价值观、防卫机制等。

(2) 然后进行黑箱分析,即对被测者的人格、情感等进行预测、推理等评估活动。

(3) 根据记号和生活背景对人格分析进行检验。

(4) 对结果进行总结和反思。其中又需把握以下六个原则:

① 人的认知具有选择性和多样性;

② 图版的刺激具有不确定性和暧昧性,因此某些反应也不可能特别确定;

③ 看被试有无自我表现的创造自由性;

④ 看是否诱导出被试积极的空想和快感(有心理咨询、心理调节的作用);

⑤ 考察个人对图版的反应与生活经验相关的问题;

⑥ 对于被测者精神世界是否异常的判定,罗夏测验具有临床心理诊断的参考价值。精神异常的人往往对自我内心世界有更深刻的感知,并且具有神经质和过敏性等问题存在。

四、十块图版的构造特征分析

罗夏墨迹测验的基础和关键是十块图版的使用,从而产生刺激和反应的感知运动,构成了投射反应的内容。它的最初根源问题就是,十张图版给被测者过目后,“看见了什么”这是核心问题所在,这是理解人格的入门线索。

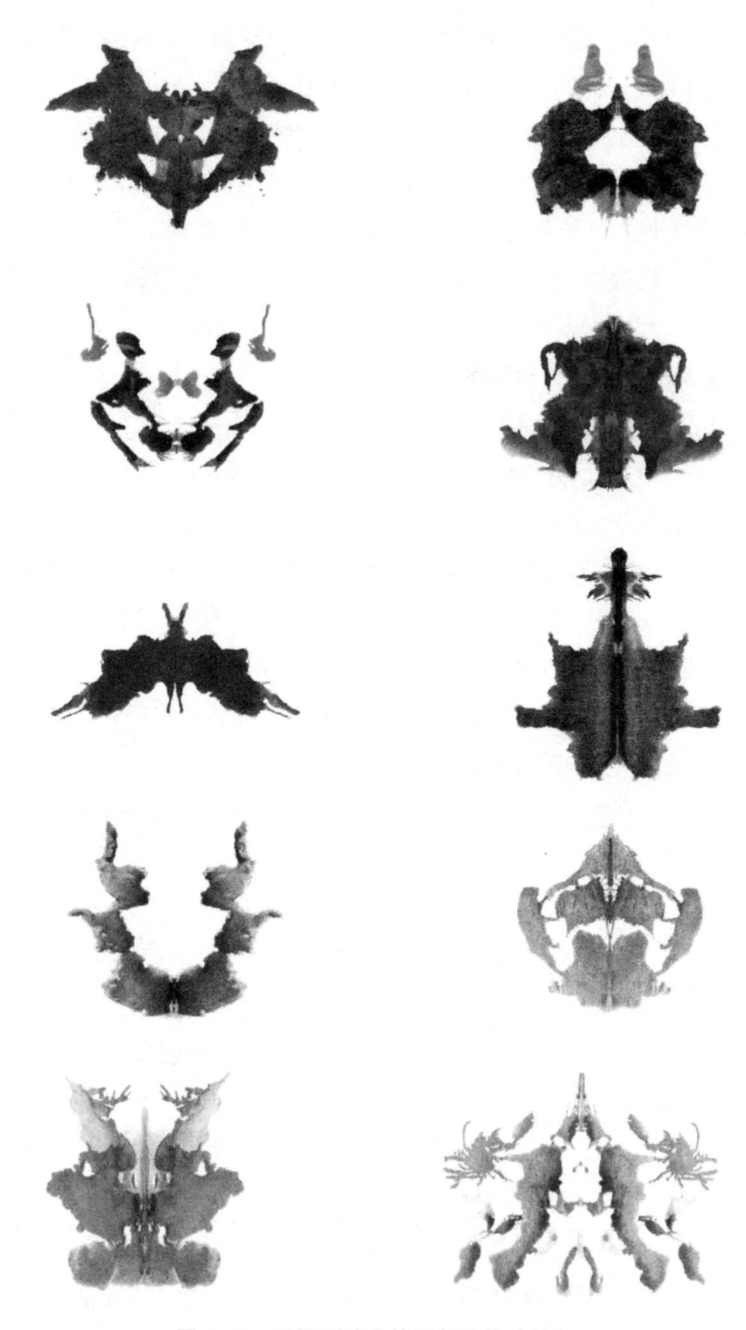

图 2－7　罗夏测验十块图版的构造特征

作为施测者会进一步探索询问:“从图版哪儿或什么部分,看见了什么? 为什么会是这样?”这是罗夏测验成立的三大支柱。“看见了什么”是反应内容(Content);“从图版哪儿,什么部分看见的”问的是反应领域(Location);“为什么会这样看”问的是决定因素(Determinants);这是罗夏测验成立的三大关键要素。因此施测者的事前学习和训练必不可少,切实把握这十张图版的构造特征,予以充分的理解。例如自我询问一下:“我是怎么看图版的?”“彩色图版与黑白图版有什么区别?”“如果把图版的一部分取消,我又看见了什么?”等,这也是埃克斯纳罗夏测验综合体系最初入门研究的课题。

罗夏墨迹测验使用的十块图版中,5 块是黑白色图版,2 块是黑红色图版,3 块是全彩色图版,这使得被测者的感知刺激和反应运动可以有阶段有层次依次体现,对于人格的评估或诊断能够提供更为丰富的信息与数据。10 块图版的构造特征依次如下:

图版Ⅰ特征:黑与白。形态反应(F)为主,大多数被测者还会出现运动反应(M 和 FM);整体反应(W,如蝙蝠、昆虫等)和部分领域反应(D 或 Dd,如狗的头,动物的嘴等)较多。少数被测者还会出现空白间隙反应或阴影反应(s,如图版空白部分的眼睛、牙齿等)。一般不太容易出现拒绝反应(Rej),如第一张图版立即出现拒绝反应,要考虑双方的检测关系是否建立,或者被测者出现强烈的阻抗心理以及其他病理问题。

图版Ⅱ特征:黑与红。比图版Ⅰ更容易出现运动反应,红色渗透在黑色里,对被测者的感知和投射有色彩冲击的可能。这张图版更要关注被测者对黑色与红色是结合起来还是分割开来进行反应,体现怎样的不同的认知风格。图版的中央空白部分,容易产生间隙反应(如灯笼、钻石等)。

图版Ⅲ特征:黑与红。大多数被测者会产生运动反应和人物反应。图版中黑与红的色彩分离反应可能性也很高。此图版对儿童、青少年的认知活动检测具有较好的效果。同时由于图版旋转后,可产生不同的反应内容,施测时要观察被测者的旋转度(符号∧ ∨ < > 等),以了解其思维的灵活性和柔软度。

图版Ⅳ特征:黑与白。形态反应和运动反应都较困难,大多数被测者会对图版整体作切割或分离部分领域进行反应(符号₩),或者产生稀少领域的反应(Dd)。另外,由于图版墨迹的线条较刚性,也会在质疑阶段或界限确认法时,被选为“父亲印象”的图版。

图版Ⅴ特征：黑与白。投射反应比较容易的一张图版。以形状反应居多，且大多是平凡反应（P，如蝴蝶、飞蛾、昆虫等），部分被测者经常会出现神秘内容的反应（如蝙蝠侠、妖精等），要注意分析反应的初发时间和终止时间的数据。

图版Ⅵ特征：黑与白。反应较难形成确定性概念的一块图版。图版的上半部分领域经常会反应为“乐器”，下半部分经常会反应为“性器官”。因此这张图版被有些罗夏测验的专家命名为“性的图版”，具有较强的情感性。一些有性恐惧症或受到性创伤的被测者会出现拒绝反应（Rej），阻抗心很强烈。值得注意的是，按照精神分析学理论，10 张图版中，有 1—2 张图版出现性反应内容是正常的，成人被测者对于 10 张图版的反应内容中，一个性反应都没有，反而是要值得关注的问题，即是否有严重性压抑和能量萎缩等不健康生活方式存在。

图版Ⅶ特征：黑与白。这块图版线条较柔和，又被称为是“母亲印象”的图版。重要的观察和记录，不在于被测者是如何反应墨色的墨迹部分，而是对中间空隙白色部分是如何感知反应的。由于图版左右领域对称性强，因此被测者是如何进行整体反应（W）的，也是另一个重要的关注点。

图版Ⅷ特征：全彩色。色彩和形态较调和。部分被测者容易产生色彩冲击感，女性被测者比男性对色彩的敏感度更高。对图版的部分领域的部分色彩感知和反应更为容易一些，要注意被测者从黑白图版过渡到彩色图版时反应时差的变化，做好准确的记录。

图版Ⅸ特征：全彩色。图版的色彩分为上下三段，色彩和形态与图版Ⅷ相比不调和，多数被测者会出现各种运动反应，彩色领域中的空白间隙部分也会构成反应内容，有少数被测者甚至会产生性生理运动反应，神经症严重的患者偶尔也会产生拒绝反应。

图版Ⅹ特征：全彩色。图版上色彩多，成扩散形态，整体反应困难，因此需要注意被测者的初发反应时间与感觉统合能力。如整体反应形态好，反应内容也好，是其认知能力或智力活动质量高的表现。但如反应花束，海底世界或海洋生物，属于平凡反应（P）。有精神病理的被测者会出现两种极端的情况，一种是强迫性的反应数量超多，另一种是拒绝反应（Rej）。

罗夏测验初入门的施测者，对这十张图版的构造特征，一定要反复习熟，做到了然于心。在以后的施测和分析过程中把握以下六条原则：

（1）感知特征的选择性原则（个体特征）。被测者每个人的社会生活背景和家庭状况，以及成长史不同，特别是个体的脑神经系统和视觉特征不同，对同一张图版的感觉和认知方式也会不同，因此施测者在结果的评判和数据分析时，必须结合被测者的个体心理特征来进行。

（2）投射刺激的不确定性原则（文化因素）。由于罗夏测验图版中的图形是抽象混沌的墨迹，因此投射出来的反应有较大的不确定。加上地域、民族、风俗习惯、受教育背景的不同，使这种不确定性进一步放大，所以罗夏测验的常模数据建立较困难，分析时还必须考虑各种文化因素。

（3）自我表达的自由性原则（价值观）。罗夏测验的图版和反应时间都是有限制性的，个体被测者在这个框架根据自己的喜好、联想、价值观等进行反应，背后有自我的情绪、人格、动机甚至利益因素在支配，所以施测者要在测验中给被测者提供最大的自我表达的自由性。

（4）创造潜力的诱导性原则（智力活动）。罗夏测验的过程也是一种高强度的智力活动过程，没有正确和错误，选择的高低分区别，不少被测者在愉悦的施测环境中，会出现新奇、有创意的反应内容（O），这对于个体情绪的调整，压力的解消和流畅的智力活动激发都是具有积极作用。施测者要努力去营造这种测验氛围。

（5）投射反应与生活经验关联性原则（现实性）。罗夏测验是一种刺激——反应的投射感知运动，但个体的各种投射内容并不是凭空杜撰的，与人的社会环境、生活经验和文化知识息息相关。生活经验丰富，投射反应内容当然也就丰富；生活经验贫乏，投射反应的内容当然就乏味单调。例如罗夏测验的反应内容，与形态、色彩、空白间隙等多种因素相关联，对色彩缺乏兴趣，实际上是在生活中对他人缺乏感情色彩；喜欢利用空白间隙反应内容的，可能平时在生活中逆向思维活动很活跃。投射反应内容与个体的现实生活经验相关联，也有助于对儿童青少年的评估诊断之后，制定有效的干预或教育辅导对策。

（6）心理健康与精神病理的分类评估原则（临床性）。临床心理学和精神病理学的研究，对人类的身心健康科学发展有着重要的贡献作用，病理的分类与诊断评估首先是从人格的正常和异常视角入手。罗夏测验在这方面提供了丰富的数据资料和技术手段，同时对天才与疯子，卓越的艺术创作和精神病理的作品也有很好的解析。罗夏测验的体系发展，促进了临床心理和精神医学的诊断与治疗技术的进步，对危机干预和公众的社会心理服务也提供了新的可能性。这是从事罗夏测验研究和工作的专业人员手中的“利器”。

第三章　反应领域与反应内容

一、反应领域的区分

在罗夏墨迹测验实施过程中，要观察被测者拿到图版时，是怎么去看图版上的墨迹图的，即是从整体，还是从部分，抑或是从某个墨迹斑点或细节来推测图版的意向或象征含义的，我们把这种投射刺激活动称为“反应领域”，它对了解被测者的认知活动特征有着重要的辨别作用。

1. 整体反应(W)

即把整个图版毫无遗漏全部反应出来的情况，用一个符号 W 来表示。例如对图版Ⅰ的墨迹图，反应为这是一个“蝙蝠”，这是一张“人脸”，就是一种全体的领域反应。

2. 切断反应(W̶)

即一张图版去掉一部分以后，仍作整体反应的状况。例如图版Ⅳ从正面看，去掉下面的突出部分整体是一个“妖魔”，或“变形金刚”。

3. 结合反应(DW)

即把图版不同的部分组合起来，构成一个整体反应的情况。例如图版Ⅰ，是由“两个天使在拯救中间的女性”，构成一个“拯救飞昇图”，即三个不同部分组成了一个整体反应。

4. 普通部分反应(D)

即对构成整个图版的各个部分墨迹图块所作的反应。这是普通被测者，许多人都会做出的反应，在认知反应上具有普遍性，请见下图 3－1，图版Ⅱ中的黑色图块普通部分反应领域。

5. 稀少部分反应(d)

即把图版中的大部分墨迹图块进行分离，只对边角部分，或图版墨迹的结合处，细小部分进行的反应。请见图 3－2 中的对图版Ⅵ和图版Ⅹ的反应。

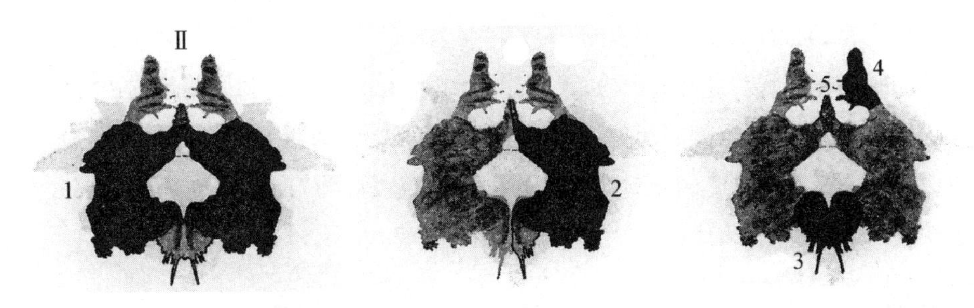

图 3-1　对图版Ⅱ的普通部分反应领域

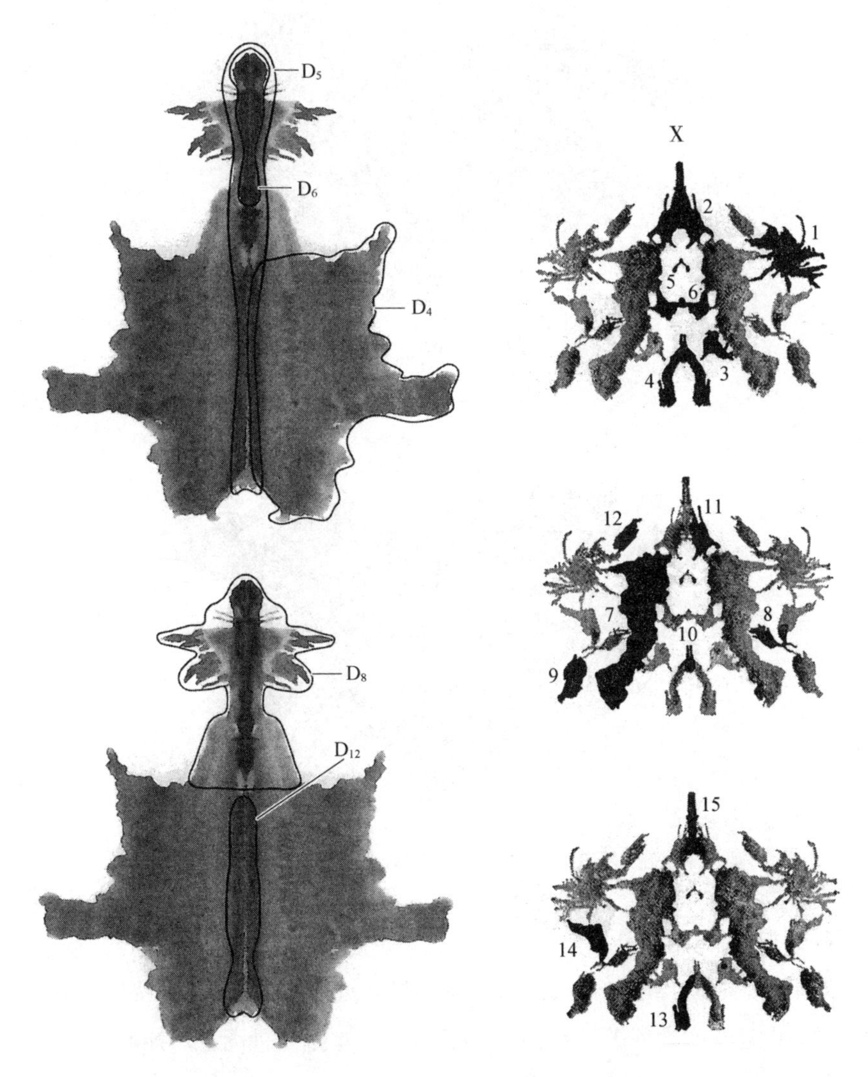

图 3-2　对图版Ⅵ和图版X的稀少部分反应

6. 异常部分反应(Dd)

即既不能归到普通部分反应,又不能归到稀少部分反应,利用图形的边缘散见的黑点,或图形结合部的黑白浓淡,色彩变化等构成的墨迹图形进行的反应,称之为异常部分反应。例如对图版Ⅰ的边缘黑点反应为“血迹”,左侧中间部分的浓淡阴影墨迹图形,反应为“乳房”等(见图3-3)。

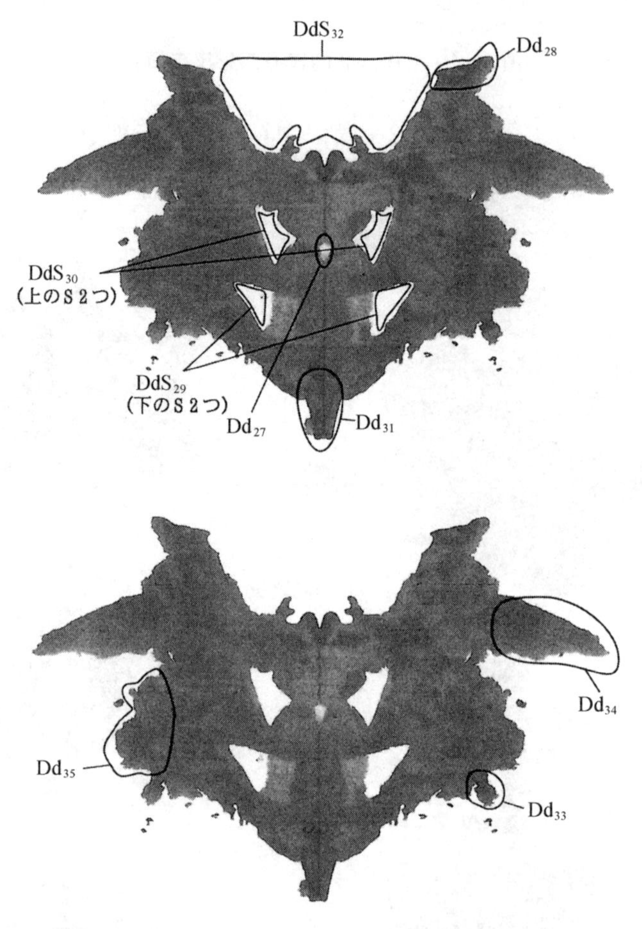

图3-3 对图版Ⅰ的异常部分反应

7. 空白反应(s)

即不对图版的墨迹形状或色彩构成的形状进行反应,而是利用墨迹或色彩围成的空白处或间隙处进行反应,叫空白反应。这是一种图形认知的反转,即黑色的墨迹成为边缘或陪衬,而图版的空白部分却构成了图形。例如对图版Ⅰ的中间空白处，反应为“眼睛”；图版Ⅱ的中间部分反应为“钻石”；图版Ⅶ倒转后，中间空白处反应为“蘑菇”等(见图3－4)。

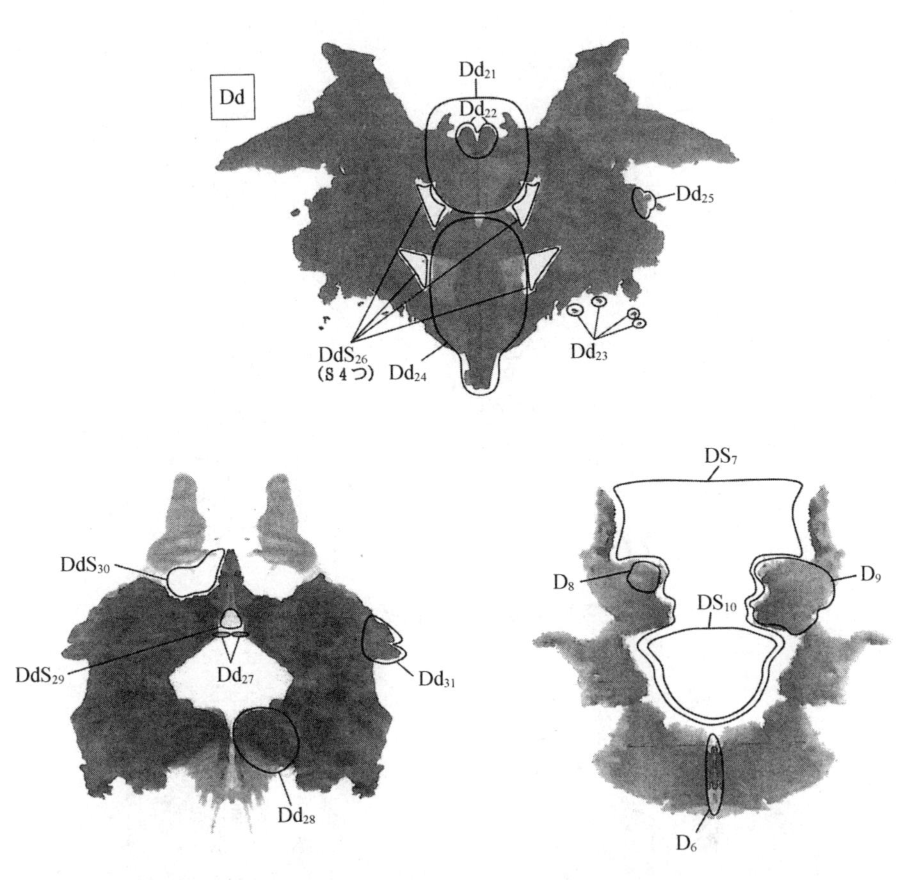

图3－4　对图版Ⅰ、Ⅱ、Ⅶ的空白反应

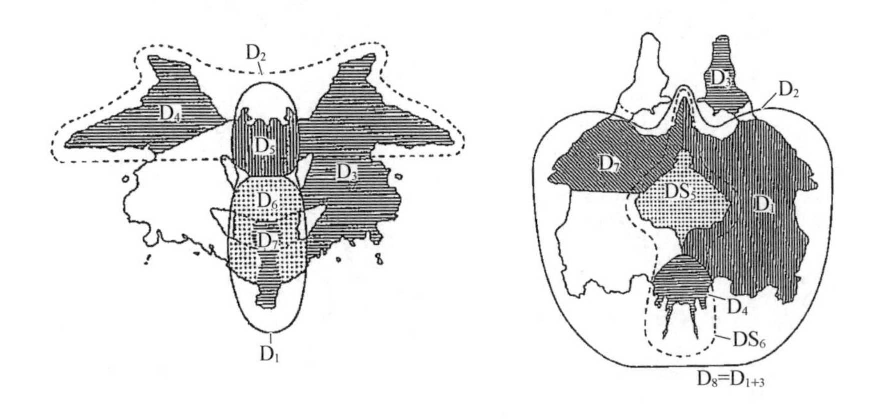

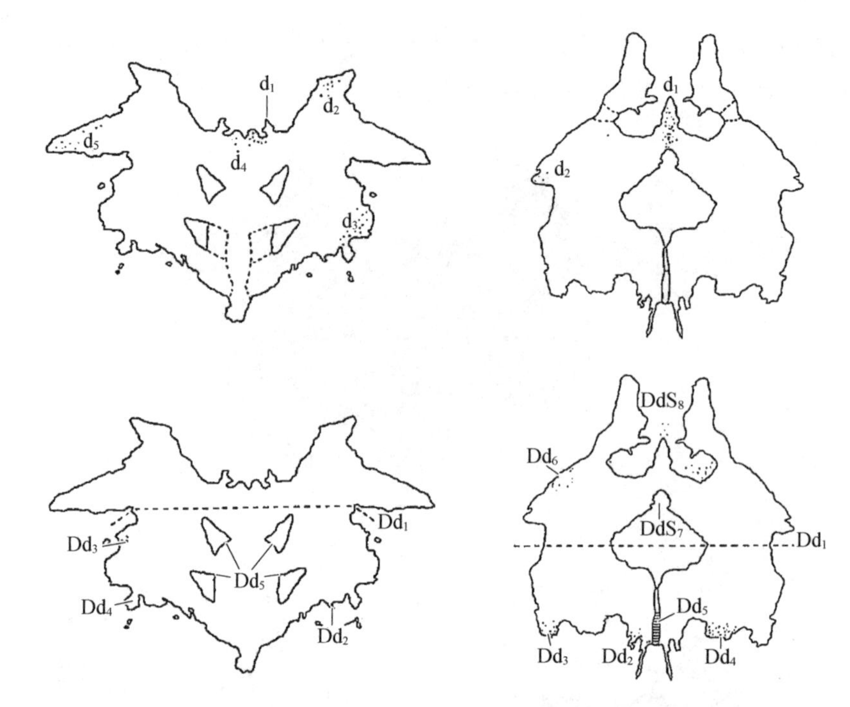

图 3－5(1)　罗夏测验全 10 张图版领域位置图(Ⅰ，Ⅱ)

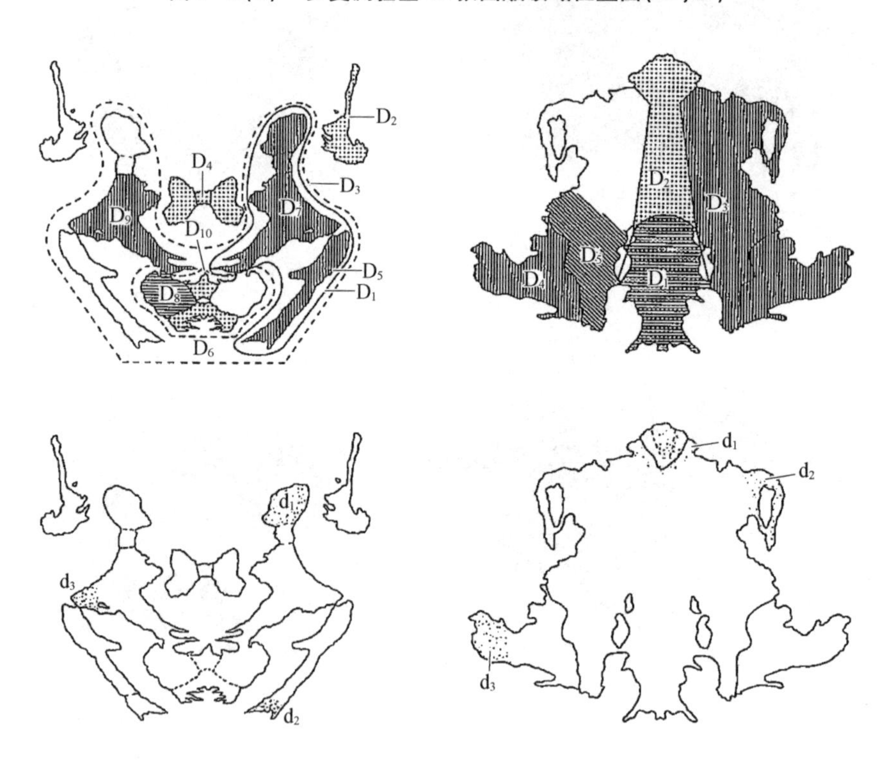

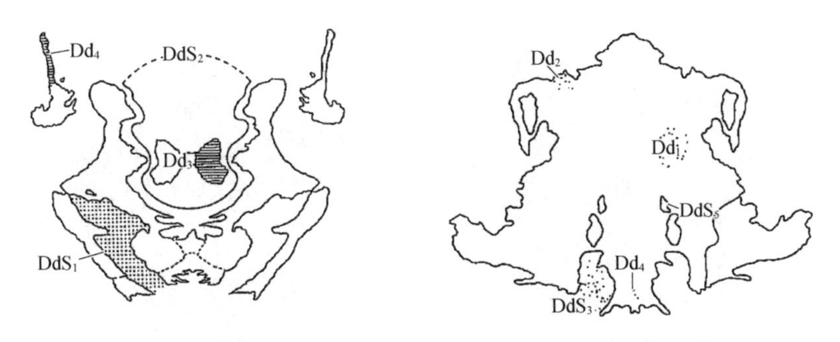

图 3－5(2)　罗夏测验全 10 张图版领域位置图(Ⅲ,Ⅳ)

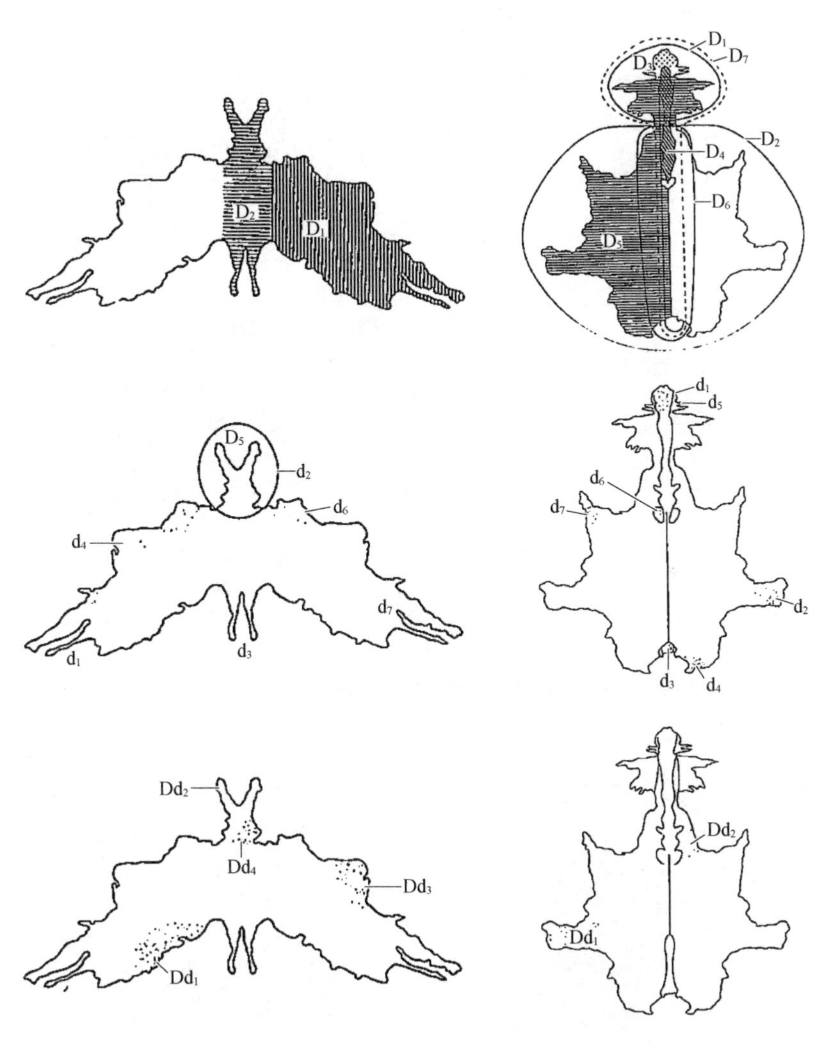

图 3－5(3)　罗夏测验全 10 张图版领域位置图(Ⅴ,Ⅵ)

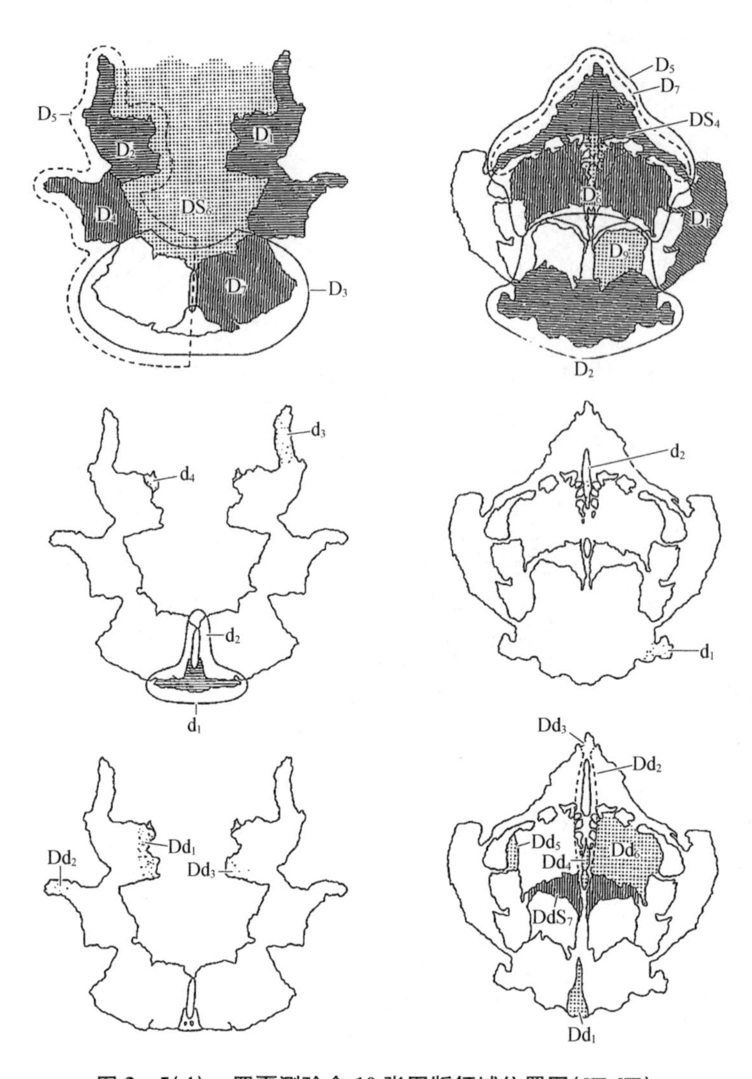

图 3－5(4)　罗夏测验全 10 张图版领域位置图(Ⅶ,Ⅷ)

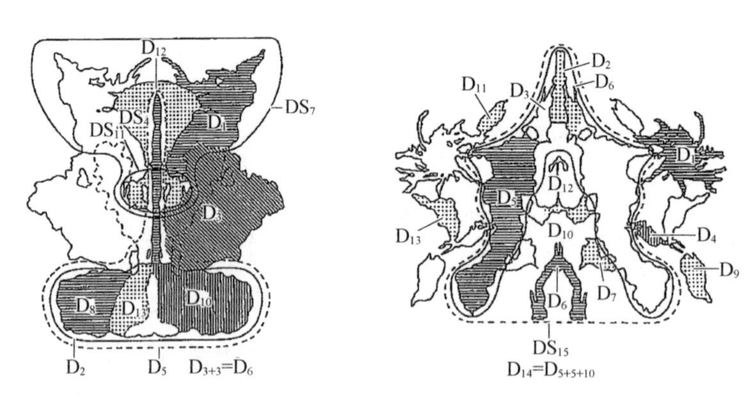

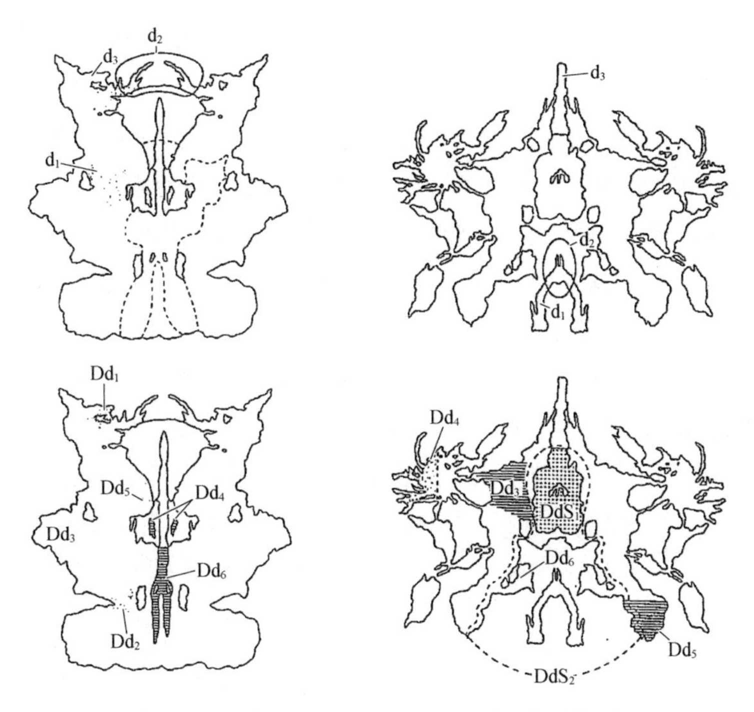

图 3－5(5)　罗夏测验全 10 张图版领域位置图(Ⅸ,Ⅹ)

二、反应领域的解释和心理学的含义

1. W、W̶、DW 反应

W 反应显示个体对目标的掌握、达成的欲望、志向和野心等,因此良好的 W 反应,代表一个人的对形象或理论的概括能力,抽象和综合的能力,以及良好的认知把握能力。但是 W 反应过多,说明这种志向和野心已经超过了自己的能力,容易给自身带来很大的压力。

罗夏测验研究名家克劳帕弗指出,在 W%的比例上,西方的成年人在整个测验反应中,只占 20%—30%左右。然而在东方的文化传统中,例如在日本或中国对整体反应和把握度要求更高,所以 W 的领域反应要比西方人的比例更高。

但日本的研究者发现,有一些精神病者,也展示出较多的 W%,这是因为他们观察细节,把握各部分的认知组织能力缺乏的缘故。

W̶反应显示个体对事物的审视,批判能力,具有客观看待事物的眼光。性格比较细腻的被测者经常会有此类反应。但如果与 W%接近,过分强调这一反应,则体现当事人吹毛求疵，批判性过度，有完美主义倾向。切断反应，也可以诊断被测者是否具有强迫倾向的一个指标。

DW 反应，能够由部分看到整体，并把认知到事物有序组织起来，重新认识事物，具有较强的推理能力。但这样的人内心紧张度较高，比 W 整体反应的人容易产生焦虑感，因为这需要一定的理论性、综合性和抽象认知能力。

但要注意的是 dW 反应，即由稀少部分组成的整体反应，一般提示现实认知能力薄弱，以小见大，以偏概全，或者在人际关系上，攻其一点，不及其余。一般在正常的被测者中 dW 反应很少见，而在临床心理不健康的测试群体中会常见。

2. D、d、Dd 反应

D 反应是一个认知正常的人一般会有的反应，体现了当事人的现实，具体或常识的认知能力，他知道人不可能事事都能把握全局，掌握整体，人的智力活动是有局限性的，人只能部分地接近世界，认识真理。但如果一个被测者的 D 反应出现得非常少，除了临床上的认知障碍问题，那说明当事人对常识问题，或日常生活有逃避倾向。一般认知正常的被测者的 D 反应约占 30—40%左右。

d 反应代表个体的观察细致，或智力的精细程度，这样的被测者善于关注细节，发现细节，能够看见一般人看不到的问题。但过度强调的话，就表示当事人吹毛求疵，独断的质疑思考倾向，或有强迫性的完美主义倾向。

Dd 反应代表被测者的特异思考倾向，对现实事物以一种恣意的、批判性极强的态度来观察或把握。一般在完美主义癖的被测者群体中较常见，如果所投射的事物和意象形态水准良好，代表独特的创造力和观察力倾向；如果所投射的事物形态水准不良，表明缺乏常识，对现实异常的认知，在临床精神分裂症或智力障碍的群体中也较常见。但如果智力正常，认知没有障碍的被测者，则表明其强迫性的人格，对人际关系有不安、焦虑或过敏的现象发生，容易罹患癔症。

3. s 反应

s 反应代表被测者逆向思维和批判能力，在心理学上表示视觉的新颖性或观察的独特性，高智商或思维敏捷，喜欢观点新颖的人比较容易出现这种反应。但如果过分强调，在整体十块图版的投射意象的总数中占 10%以上，则代表反抗或逆反的思考倾向，在青少年群体被测者中较多见。这时的 s 反应，代表与常识或习惯的对抗，自我主张，拒绝，不适应，以及以批判或逆反的态度看待一切，表示自己“故意与人作对”“扭曲性”等思考倾向。

s 反应的投射事物，形态水准良好的情况下，显示当事人的认知弹性，融汇贯通性；但如果形态水准不良的情况下，要考虑当事人的焦虑、不安全感，或生活事件有无创伤问题，青少年的被测者要考虑有无逆反、否定等的攻击行为。

三、反应内容的整理

反应内容是罗夏墨迹测验中最具形象的东西，其作用有三方面：(1) 可分析生活经历(如反应为武器、炮弹是战争反应)；(2) 反应类型多少看出被测者的智商与能力：反应类型多的观念丰富，反应类型少的观念贫乏；(3) 能做到有的放矢，能根据当事人的反应内容进行心理咨询，或者聚焦疗法。

根据华东师范大学临床心理学专家的研究结果，我们把反应内容整理为以下 24 类：

1. 动物反应

(1) 反应的是动物的整体(A)；

(2) 动物的一部分(头和角比较多)(Ad)：常是动物身上比较有特征的部分，如鸟的翅膀、豪猪的刺、兔子的耳朵；

(3) 虚构的动物、有动物姿态的装饰品、神话中的动物(A/)：如四不像，有的是漫画中的动物，至少在目前的现实中不能发现的，比如龙(若是拟人化的东西是 H，如猪八戒、孙悟空都是 H/，不算动物)、狮身人面像雕像(但如果人格很强为 H/，同时标明是宗教反应)。此记号用于动物的现实性被剥夺，变成装饰品、雕像、建筑物的一部分，成了人类的生活的一部分用具、工具。

(4) 虚构的动物如果只是一部分(Ad/)，如花花公子的兔子耳朵，只出现一个头，不是整体出来的，现实性被剥夺，成为某种标志。

在罗夏墨迹中，动物反应是最常见的反应内容，一般最多不超过 60%，小孩、生活经历幼稚的人可能会多一点。动物反应数过多可怀疑智商有问题、智力刻板、人比较幼稚。如果被测者智商没问题，可能是人际关系有问题，如有些喜欢养宠物，但不喜欢和人交往的，觉得狗、猫比人更加让他/她清静。

2. 人类反应

(1) 整体(H)；

(2) 人的一部分(Hd)：描述时注意是具有生命力的投射意象；

（3）幽灵鬼怪、非现实虚构的，经常在绘画中、雕刻中、漫画中表现人体、人的姿势（H/），如米开朗基罗的雕像、陈毅的雕像、《聊斋志异》中的狐狸精、青蛇、白蛇；

（4）幽灵鬼怪的一部分（Hd/）：

H/较多考虑是否经常生活在非现实中，可能有创伤、幻想多，也是筛查精神病的标志（日本精神病人都有 H/，即幽灵鬼怪的反应，正常人未必有 H/反应）。十张中有八到九张，要考虑临床精神障碍倾向问题。当事人可能常做噩梦。

3. 解剖反应（at）

以人体和人体的部分为主，也包括动物体、X 光照片、经络、穴位图，都算解剖图。

表示有丰富的医学、科学知识。解剖反应多考虑对方是否有焦虑、不安倾向，如对疾病感到不安（因此罗夏做完可问问被测试者最近对自己、对家属是否有某种疾病的焦虑）。解剖多也考虑被害反应，看看是否有身心创伤。

4. 性反应（sex）

在罗夏中比较关注被测者对性的态度，但没有像弗洛伊德精神分析那样当作主要的分析对象。

性反应主要包括性器官、性行为的描述（如接吻），以及一些委婉地叙述（骨盆、下半身，但是否包含性的含义不明时可以在质疑时加以确认）。性反应传达内在的力比多、能量。同时也能看出性冲动和性欲望。如果测试对象年龄在20—40 岁之间，有性反应为正常；若 20—40 岁之间无性反应的，则要当心是否有性压抑、性被害、性方面的抑郁症或者觉得性是罪恶的、不是从中性角度看、性冷淡、过多和过少的性反应要考虑性变态、性异常的情况。亚洲人十个图版里有四个到五个性反应是正常的。

5. 血液反应（Bl）

与亲属关系、生殖关系、生命和死亡有关。提到血液时要作细致的区分，即（1）是否是受害感觉、被害和施虐、受虐的感觉；（2）是否为性反应；（3）仅仅体现血缘关系、亲情关系。需仔细辨别，判定难度大。

6. 疾病反应（dis）

要观测当事人的表情、神态，是平静的还是焦虑的。特别要看在作疾病反应时流露的情绪，如想到癌症非常恐惧（有原因）。注意恶性疾病和一般疾病的区分。虽然都是疾病反应，但对人类威胁最大、让他最恐惧的是恶性疾病，如癌症等，一般疾病反而可以休息一下、轻松一下。

7. 死亡反应（De）

注意考虑当事人的身体健康与否、原生家庭人际关系等。如是家里的老二出生后，老大可能希望老二死掉，这是一种"该隐情结"。死亡反应也是判断一个人有无自杀倾向的标志。血液反应、疾病反应和死亡反应是危机干预的三个指标（有时加解剖反应）。第十张图版常有血液流尽和人死掉之类的死亡反应，可考虑自杀倾向。

8. 食物反应（Food）

食物的好坏一般与生命力联系在一起。注意辨认食物反应中植物多还是动物多，即素食多还是荤食多（蔬菜、水果也有生命）。食物象征着爱（有人得不到爱就去吃好多东西，通过吃来满足自己爱的匮乏，进食障碍就是这样；男女也会通过食物交流感情），青少年对食物的反应可能比较多的是对爱、甚至是对金钱的渴望，食物多代表金钱多，证明对爱的匮乏和不满足。成人食物反应多是力比多强的表现，代表着欲望（原始部落中女性嫁给男性是因为他可以给她食物）。在有权势的人中，食物反应数较多，代表有支配欲望和野心，这里的欲望不一定指性欲望，但可以传导过去。

9. 生活用品反应（Li）

生活用品反应比较多的是对生活敏感的人以及女性当事人。如果某一个物品反复出现，提示可能有强迫倾向。有的男性生活用品反应数量比女性还多，可考虑自我同一性问题，是否对现在的性角色不满意。

10. 艺术反应（Art）

主要是指一些艺术品。如果是描写人和动物的艺术品，既可以归于 H/，也可以归于 A/。如果是描写风景的艺术品，也可以归于风景反应中。

艺术品反应多，表明被测者的智商高，情绪愉悦，是心理健康的一个标志，喜欢艺术品的人一般心态阳光。西方认为喜欢音乐、绘画的人精神变态会少。

11. 自然反应与风景反应（ntr、ls）

不带感情色彩的自然反应，如徽派建筑、古镇的建筑、小桥流水。但一些词就是带感情色彩的词：枯藤、老树、昏鸦、残破的小桥。风景反应是带着欣赏的情调或哀愁的情调等，某种情绪在里面，即带着人的品味的是风景反应，不带的为自然反应。风景反应是生活敏锐度较高的人，对生活的质量要求比较高，并带着情调评价他人的被测者。如拍照时人和景色拍在一起，表示他很讲究生活享受的；只拍景色的人认为人在自然风景中是忘我的，觉得人并不是很重要，只不过是自然景物的一部分。

12 .植物反应(bt)

植物反应是测量一个人内心有无压力的标志，类似于沙盘疗法中的植物摆件。植物反应多的人内心疲倦、压力大，自我心理需要调节，内心想要轻松一点才会反应很多的植物。现实中，压力大的人看到绿色多的地方，就马上放松下来，压力大喜欢去看花草。植物反应较多的人也可能暗示对现实感到不满。植物反应中植物的标本与其他不同，包括植物学的图表，是植物的一部分，比如压扁的花蕾等等。植物标本比较多的(都是被压扁、被制作出来，植物都没有生命力)考虑是否有抑郁情绪，是衡量抑郁症的标志。

13. 火反应(fire)

有火反应表示一个人精神兴奋、不安、紧张，或者焦虑、具有冲动性、攻击性。有些躁狂症和精神分裂症患者常见有这类反应，在好几张图版中都有火的反应比火更厉害的是爆发反应(如炸弹爆炸、火山爆发)，其常见于攻击性的人格、精神的不安定性强、急性精神病(精神分裂症中慢性病变的叫破瓜型)，还有紧张型病变(破瓜型女性多、紧张型男性多)。

14. 建筑物反应(arch)

房子、桥、教堂、烟囱等是人类建筑。反应建筑物代表人的归属感，亚洲人的此类反应比较多(所以中国人喜欢买房子，房子让他有归属感)。

15. 交通反应(Tra)

有交通工具反应的。注意被测者用什么交通，电动的和人力，动力的交通不同，心理也不同。经常反应飞机交通的人冒险性比较高，或好高骛远。自行车比较浪漫，高铁代表时间的准时性、紧张性。交通还有第二个含义，即如果有恋爱关系的被测者，可看成是一种男女交往的方式。

16. 科学反应(sci)

与科学概念有关的东西也可以，如黑洞。测试中经常出现科学概念的反应表明被测者有较强的显示欲。

17. 职业反应(Voc)

如果被测者投射的是跟他的职业一致的是职业反应,若不一致考虑被测者是否最近对反应的这个职业比较神往,希望能够跳槽到这个地方去。职业反应主要看一个人今后的生涯发展方向。

18. 宗教反应与神秘反应(Rel、Myt)

两者常会混淆。出现宗教反应首先确定是哪一个宗教的,会有一定的信仰在里面坚守,神秘反应不定有信仰在里面,而且究竟是属于哪一个宗教也未必说得出。宗教反应可能反应的是非常虔诚的事物,常以十字架、木鱼、寺庙这种象征性的东西出现,神秘反应有很多是超能力的、超科学的,甚至是不可解的事物反应如巫蛊等。宗教反应多见于成人,神秘反应多见于青少年。

19. 地图反应(Geo)

作地图反应的人整体感、控制感较强,常见于管理者(喜欢管理人、喜欢控制人的被测者)。有地图反应的人一般观察力比较细致,比较精细。

20. 战争反应(War)

正常人较少见(正常人喜爱和平),这类反应常见于精神高度紧张者、有被虐和施虐倾向、情绪障碍青少年儿童、歇斯底里症患者、精神分裂症患者群体中,而且反应较多。

21. 记号反应与抽象反应(Sign、Abs)

记号反应常有具象的东西在里面(如交通标志)。抽象反应没有具象的东西(比如能力、一种太极的气流)。

22. 娱乐反应(Rec)

反应包括与娱乐有关的活动和物品(物品是绳子,而在跳绳,这是一个活动)。娱乐有这样几种,第一种是艺术性的娱乐,如看戏剧、听歌、去观赏什么东西、品尝什么美食、赌博、竞技(体育、奥林匹克中的,如桌球)、看电影、看明星的八卦轶事。娱乐反应多说明情绪的愉悦性高、联想流畅,当事人可能渴望调节、减压,降低目前可能有的压力和紧张感。

23. 政治反应(poli)

标语、喊口号、天安门广场升国旗、戴红领巾、在党旗下宣誓、党旗、镰刀和锄头。政治反应代表权力和控制欲望。(国外一些研究者把中国人的政治反应看成是对金钱的追逐)。

24. 其他反应(Mi)

不能归属上述任何一类反应的投射事物,暂时都归于其他反应中。

以上二十多种反应内容的种类一起构成被测者"反应内容范畴数"(Range),通过计数可以找出每个被测者个体的不同"范畴数"。范畴数大,表明个体的知识面广、思维流畅、思路开阔,或有较好的智力活动;范畴数少,则表示个体思维狭窄,认知有限,或生活经验不足,眼光受局限,其中部分个体可能有认知或精神方面的临床障碍。

四、认知活动的构造与水准

个体对于反应领域的差异,和所投射的反应内容的多寡不同,是与当事人的认知活动的能力构造和发展水准紧密关联的。罗夏测验的研究专家贝克从1935年起,就从儿童的罗夏测验统计数据出发,着重研究从儿童到成人的认知发展水准的变化状况。

人的认知构造其实是从母胎怀孕就开始,大脑和神经系统是人维持生命,发展知、情、意的主要基干。大脑的神经元从旧皮质不断向新皮质爆发式的增长,体现在儿童的头围不断扩大,脑容量和头盖骨的增大,原先所戴的帽子越来越小,从8岁到12岁,最迟到15岁,这种变化最为明显,这就是"发展水准"的变化。

研究发现,对5岁的儿童实施罗夏墨迹测验,这些孩子对不同的十块墨迹图版是怎么认知的,结果和成人的认知完全不同。例如图版Ⅰ,5岁儿童的反应内容较多的是三种,按认知程度从低到高的排列:一是"战斗机";二是"地上积水";三是"鸟儿",作为妈妈的大鸟把自己的孩子小鸟带回家里(归巢)。

因此,罗夏墨迹测验对个体认知活动构造和发展水准,作了以下四种不同程度的区分:

一是初级阶段,也叫"漠然反应",用"v"表示,即投射的对象没有一定的轮廓,也无需象形,只要自然界存在的就行,例如森林、大海、山峰、云朵、星星、积水等。

二是一般认知,也叫"普通反应",用"o"表示,每一个投射的对象或事物,都有一定的轮廓或特定的形状。例如加拿大国旗上的枫叶、布谷鸟、飞机、脑电图、海中的岛屿等。

三是组合认知,也叫"结合反应",用"+"表示,对墨迹图版的各个部分,能加以联系,组合成一个对象来认知。例如富士山上的云彩,两个人在提东西(图版Ⅲ),黑熊带着帽子等。

四是漠然的组合认知,也叫"准结合反应",用"v/+"符号表示,代表第一种认知与第三种认知状况的混合。即没有特定的轮廓和形象,但能把不同的部分组合起来认知。例如山上的积雪、地上的杂草、油倒进水里、天上的云倒映在积水中等。

成人看图版,把不同部分组合起来认知,投射的对象大多是一个,至多2个,3个很少见。但学前5岁的儿童起码可以见到五六个不同的对象,并且毫不奇怪。奇怪的是,越是受过多年的高等教育、学历优秀的成人,组合认知往往只有一个,并且追求正确性的程度。这是成人的概念化高度发展、认知精细化导致的结果。

因此,在我们罗夏测验体系中,对儿童的"v/+"给予高度的评价,对于成人的"v/+"的认知活动并不加以肯定。这是认知发展水准不同所决定的。

在判定个体的认知能力与发展水准时,我们还必须注意以下三种数据,并加以统计和分析。

1. 平凡反应和独创反应

平凡反应(Popular response),简称"P",是数量众多的被测者都会出现的投射反应。

这一反应数据,在心理分析和临床诊断上具有重要的意义。一般人出现5—8个左右的平凡反应,是很普遍的现象。如果测试过程中占投射反应总数40%—50%左右,需要加以注意,当事人是否有与他人求同,不愿脱离常识,违背群体认知,或墨守成规,有偏执守旧的倾向存在。然而,"P"反应数过少,或者没有,是否有团体不协调、厌恶与集体认知脱节等社会问题存在,有时也可能表示性格内闭、人际关系有障碍等。

国际上的研究者对"P"的研究,得出十张图版中容易出现平凡反应的投射,制定统一的标准如下(见表3-1):

表 3－1　平凡反应的判定表

图版序号	反应领域	反应内容
Ⅰ	W	蝙蝠、昆虫
Ⅱ	D	熊、狗、蝶
Ⅲ	D	人类、骸骨、领结
Ⅳ	W	魔、人
Ⅴ	W	蝙蝠、昆虫
Ⅵ	W	皮毛、兽皮
Ⅶ	D	女孩的头
Ⅷ	D	四脚野兽类
Ⅸ	D	爆炸、动物的头
Ⅹ	D,d	兔子头、蜘蛛、蟹

独创反应(Original Response),简称“O”,是个体的创造性投射反应,表示被测者具有良好的智力活动和新颖的观察角度。判定时,要注意三个标准：一是形态水准良好;二是视角新颖独特;三是在其他被测者中见不到的投射反应,即百人反应中难得一见。表示个体具有较高度发展的认知水准。但过度追求独创反应,也说明当事人有神经症冲动,内心存在无意识矛盾,追求不凡或自我显示欲。

2. 旋转度(Tur%)

旋转度的使用,表明个体在罗夏墨迹测验认知活动中,对课题能从多角度、多方面去思考,它是测试个体思维的柔软性、融通性和弹性的一个标志。旋转度缺乏的被测者,可能显示以下两方面特征：

一是性格上有遵规蹈距,强烈的依存和服从倾向;

二是性格或行为固执、缺乏变化性或创造性的人。

旋转度一般在罗夏测验的自由反应阶段使用,使用符号“↻”“↺”等表示,在质疑阶段,对自由反应阶段的旋转度进行修改,重新附加说明,原则上不作认可。

旋转度 Tur%的计算公式如下：

$$\frac{\text{图版反应正向(朝上)数}}{\text{图版总反应数(R)}} \times 100 = \text{旋转度}\ \%$$

3. 反应继起特征(Sequence)

在罗夏墨迹测验中，当被测者拿到 10 张图版后，他的认知系统对图版中的领域所作反应的次序如何，也应引起研究者的关注。例如是从整体反应到部分反应(W－D－d、W－D－D、W－d－Dd 等)，还是部分反应到整体反应(如 D－W、d－D－W、D－W－W 等)，或者整体反应到整体反应，部分反应到部分反应，我们称之为 10 张图版反应领域的继起特征，主要分为以下四种类型：

(1) 严格型(10 张图版的反应领域继起无变化)；

(2) 普通型(有 6—9 张图版继起无变化)；

(3) 松弛型(有 3—5 张图版继起无变化)；

(4) 混乱型(只有 2 张图版以下继起无变化，其他图版的继起各不相同)。

第四章　决定因素与形态水准

在罗夏墨迹测验中，对图版的反应领域和反应内容确定后，还要进一步分析这些反应的决定因素（Determinants）是什么，用以进一步了解个体内心认知活动的心理世界特点，同时还要判定这些反应的形态水准，即它们是否是形体良好，有独创性，或者是形态不良、扭曲以及变态等问题。这是区分个体的精神和认知正常与病理的一个重要的临床标志。在国外许多罗夏测验研究者所制定的测验体系中，这是两个极其重要的基础支柱。

一、决定因素的分析整理

决定因素的分类主要分四个方面来进行：一是对反应领域和反应内容的形态的判定；二是对人物、动植物或无生命事物有无运动状态的判定；三是有无色彩反应，它反映个体的情感、情绪状况；四是对阴影、浓淡反应等因素进行分析。以判定被测者的内心世界的欲求、矛盾和潜意识细微的情感意识。在这四方面，形态和色彩是主决定因素，运动状态和阴影是副决定因素。详见图4－1。

对这四个方面的反应决定因素，我们分别整理如下：

1. 形体反应（Form），符号“F”。即根据图版的墨迹边缘形状的特征构成的投射事物，例如图版Ⅰ，投射反应为“蝴蝶”，说明“这里的图片形状像蝴蝶”。

2. 人类运动反应（Human movement），符号“M”。即根据人类的活动，行为或其他状态（姿势或表情等）作出的反应。例如图版Ⅲ，反应为“是两个人在提着东西”。

3. 动物运动反应（Animal movement），其中又分为两类反应；一类是动物模拟人类的活动，例如“这两条狗在跳舞、唱歌”，符号为“M”。仅是动物自身属性所具有的活动或状态表现，符号为“FM”，例如“这是孔雀在开屏”。

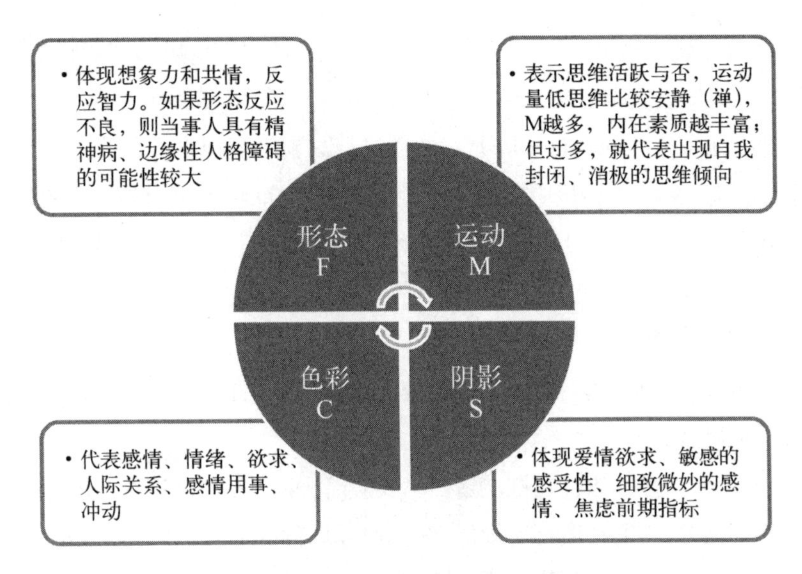

图 4-1　反应决定的四个因素

4. 无生命运动反应(Inanimate movement),其中又分为两类反应：一是自然界的活动现象,纯物理的运动,符号“m”,例如“火山大爆发”“星云状的漩涡”等;二是抽象的物理运动,如“地球的引力加大”“天地间的真气流动”等,用符号“m”表示。

5. 阴影反应(Shading),即利用图版墨迹的深浅、色彩的明暗或图形边缘的特点,进行投射反应,又分为以下三类：

(1) 立体景色反应(Vista),符号“V”。即对图版的左右上下的墨迹图块,进行形态立体的反应。如对图版Ⅵ,反应为“眺望遥远的塔和丛树林构成的水墨画”“河水中倒映的美景”等。

(2) 浓淡反应(Gray),符号“Y”。即利用图版墨迹图块的明暗效果或线条点面的扩散效果进行的反应,如“这是台风到来前的云彩”“烟雾升起”“人的骸骨X光照片”等。

(3) 物品质地反应(Texture),符号“T”。即利用图版墨迹的浓淡和色彩明暗变化,与某种物品材料或品质特性进行结合联想,所投射的反应,例如对图版Ⅵ反应为“动物的皮毛,很柔滑的感觉”“坚硬突起的岩石表面”“地上积着寒冷的雪”等。

6. 黑白反应(Achromatic-color),符号“C′”。利用墨迹图的黑色、白色与中间灰色的图块变化，与某种特定的物体形状结合进行的联想反应，如“黑色的昆虫”“白色的石头构成的雕塑”“白色的牙齿沾上黑色的涂料”等。

7. 色彩反应(Chromatic-color)，符号“C”。即利用图版上的色彩进行象征含义的投射反应，有时这种反应还与反应领域的图块分离，反应出与本来图块上色彩不同种类的其他色彩，也被称为“强制性的色彩反应”。例如对图版Ⅷ的反应：“人体解剖图(W)”“红色的棕熊(D)”等。对图版X的反应：“这种红色是情绪的热烈表现”“是旗帜，红得很鲜艳”等。

在罗夏测验过程中，对这四方面的反应决定因素进行整理和分析时，要注意如下几个问题：

第一，反应决定因素。在被测者自由反应阶段时，施测者并不一定能够明确判定是何种因素，需要在质疑阶段仔细听取被测者的描述，然后再作判断。这是因为当事人在自由反应阶段，往往只顾及投射相应的反应内容种类，而没有作深入的思考或描述。

此外，在确定反应因素时，测验者自身也会出现困惑，当事人究竟是根据形态F还是根据运动M或色彩C来进行投射的，一时难以确定。这就一定要放在质疑阶段来仔细听取，然后作出慎重的判断。但是，要注意防止使用故意用诱导性的提问方式，因为这会影响测验的真实性。

特别要注意的是，阴影反应是决定因素进行统计和分析中，最困难的一项工作。因为被测者尽管自身能察觉到图版中的阴影象征含义，但是用语言描述出来，还是有些困难的。因此，质疑阶段的工作一定要细致、耐心。

决定因素的统计和判定，原则上以被测者的自身语言描述为依据，不能依据测验者的自我推测和想象为主。

第二，决定因素的多重因素使用问题。原则上，是一个反应内容，给予一个决定因素。但由于一些投射反应内容比较复杂，同时使用两个决定因素也是容许的，例如，运动反应和色彩反应或运动反应和阴影反应同时使用，符号记为“M+C”或“M+V”等，但两个决定因素不分先后、主次，价值相等。

原则上，F形态决定因素与其他种类的决定因素不能并列使用，运动反应之间四个种类的各个因素也不能并列使用。同样阴影反应中三个分种类因素也不能并列使用，即“V”、“Y”和“T”三个决定因素只能确定其中一种。

第三，被测者的运动反应是一种思考活动的反应，代表了当事人的生命能量，以及性格的内向、外向性，因此，在确定运动因素时，还要注意这种“运动反应”是主动的、被动的，还是不确定的运动。例如以下三种类：

主动性的运动：奔跑、登山、跳舞、争斗、愤怒等；

被动性的运动：被拉出来、束缚、压下、倒下、撕裂等；

不确定运动：汗毛倒立、掉头发、停车、等待做体检等。

二、决定因素的心理学含义

反应决定因素是罗夏墨迹测验中最基础的支柱、区分、判定和统计过程也是最难的。测验者对于被测者以什么样的理由来如此反应，或者被测者自己为何如此反应，都有一些理解程度上的一言难尽。因为这是不同个体对于世界的认知构造和方式的差异，需要测验的实施者有较强的共情和共感能力，以及大量测验经验的累积。

决定因素种类不同，其心理学的含义和分析也不同，主要可以归纳如下：

1. 形体反应 F%

即形体反应和其他反应决定因素的总数的比例。正常人数值在 40%—60% 之间。如果 F%数值过高的场合，被测者对图版的形态特征非常关注，而对图版的形态以外的特征有所忽视。即这类被测者缺乏独特的视野或个性，有时会放弃自我的深入思考，只是根据“图版上显示的事实”来观察和反应。容易受到外界条件的限制，服从性强，并且失去思考的自由性或创新能力的生产。

另一方面 F%较低的场合，表面被测者的内心情绪活动丰富，思考较活跃；但如果 F%的数值及其低的场合，说明被测者已失去对外界客观的观察态度，主观的、个性的态度有过于强烈的倾向，此外情绪也处于不安定状态。

然而判定时，还要根据 F 的形态水准优劣性一起评估，才能接近准确。

2. 人类运动反应 M

M 反应在正常人的 10 张图版测验中，会出现 4—5 个，如果数值为 1、0 的情况，要考虑其社会性或人际关系问题。M 反应是人类的感知、社会行为以及想象能力的标志，有以下几个方面的心理活动层面：

（1）人类的想象力和创造力展示；（2）人与人之间共情能力；（3）自我接纳的内心安定感，或者自我实现能力的体现；（4）对情绪或欲求的满足能延期实现，对自我的调控能力；(5) 自我的内在洞察力和自我反省，以及分析能力。

心理咨询师或社会活动家的 M 反应值一般要比常人高。

3. 动物运动反应 FM

成人的 FM 反应数值超过 M 的反应数值，说明当事人认知或性格尚未成熟，数值极高的情况下，可能有“巨婴”型特征，其行为有自我为中心，缺乏调控，比较冲动的倾向。FM 数值多的人，常常会出现解决问题时，直截了当，较冲动的思考倾向。他们较少考虑社会规范，内心的情绪与欲求等欠缺成熟度，即缺乏洞察，有动物性的冲动，与他人或集体的协调性差，容易出现内心和情绪的不满。

4. 无生命运动反应 m

有些被测者会避开 M 和 FM 的反应，希望更多的无生命运动反应出现。但这说明他们内心受到外界条件的限制，而对自己设定的目标实现有困难，或缺乏必要的应变能力。m 反应数值超过 M 或 FM 的反应数值，说明当事人内心的紧张、焦虑或矛盾的心情。例如“原子弹爆炸”“火山喷发”“坠落的物体”“导弹巡航”等。罗夏测验的研究者认为这是一种“不自然的内心紧张”状态，或者对自我的不认可，或自我的不成熟，以及内心中有冲动的欲望存在等。

5. 立体景色反应 V

立体景色反应 V，说明被测者对外界事物有客观的、深入的、保持距离感的观察能力，对于问题或课题，有一种冷静，不带主观倾向评价的态度，以避免人际关系或外界可能带来的危险性，同时也希望能够自我评价、自我内省，而不依赖于他人。然而 V 反应过多，有自我反省评价、自恋的倾向，容易陷入不安定感、无力感和劣等感的情绪之中去。

6. 浓淡反应 Y

被测者内心与行为有一种明显的不安或焦虑存在，处于情绪的不稳定期，主要体现在人际关系方面，对于这种焦虑和不安又不能建立起有效的防御机制。

7. 物品质地反应 T

如果被测者出现这类反应，大多是爱和依恋的情感反应，它需要当事人细腻的感受性和敏感的表现力，但 T 反应过多的状况，说明当事人的依存或依恋性过强，对他人的被动性服从度很高。

8. 黑白反应 C′

一般出现这种反应，并且数值超过了色彩反应 C，则表示当事人的情绪有压抑,行为是被动的;如果色彩反应 C 的数值为 0,而全部反应是 C′,则说明被测者有抑郁症倾向。

9. 色彩反应 C

C 反应是被测者对于外界、环境的刺激所作出的情绪反应。如果是形态 F 和色彩 C 两个因素并列,则说明个体对社会规范和行为方式具有适应或调控能力;如果是色彩 C 反应数值超过形态 F 反应值,则说明个体的调适性较弱;如果 10 张图版中很少见 F 反应,都是色彩 C 反应,一般是年幼的儿童,或者是冲动性强、情绪极易爆发的精神病患者。但如果被测者是从事艺术职业,则显示为是一种情绪释放,或艺术的个性表现,不作病理性分析和解释。

三、形态水准的评估

反应决定因素确定之后,数据统计分析的重要线索就是所反应的内容形态的适合性问题了。形态水准的适合与否,实际上就是在检查个体的“现实认知能力”如何,即个人的心理健康与否或临床的精神正常与否的指标。

形态水准涉及个体三种心理活动品质:一是对外界信息处理的方式;二是对于投射对象的注意力有无扭曲;三是对记忆习惯和记忆痕迹的认知处理方式,历来为罗夏测验体系的各种专家和研究者所关注。

在施测过程中,几乎所有的被测者都认为自己对图版的投射反应内容与形态是适合甚至是准确的。但是个体之间存在着较大的差异,对于一些人认为是准确的,对另外一些人来说则是扭曲的形态;一些人认为是合适的形态,对另外一些人来说则是不适合的形态,这就需要用“形态水准”来评估。

对于罗夏测验的形态水准评估,不少研究者采用以下四种评判标准:

(1) 普通水准(Ordinary),符号“o”。即正常人中大多数被测者会在相同的反应领域,作出类似的反应内容,其中包括平凡反应。

(2) 合适水准(Ordinary-elaborated,普通-细致),符号“+”。即形态水准不仅符合常识,还能详细地加以解说,有些甚至具有新颖性或独创性,但如果不具独创性“O”,对反应内容有明确无误的描述或解说,也给以“+”号。

(3) 特殊水准(Unusual,稀少),符号“u”。即对于图版的反应领域和反应内容去做现实认知,但正常的被测者群体中很少有这样的形态反应,因此,视角不是过于新颖,就是有些认知扭曲。

(4) 不良水准(Minus),符号"-"。即对图版的反应领域和反应内容认知有扭曲,形态不适合,并且是正常的被测者群体中,绝大多数人都不会出现这样的反应,甚至有可能是变态的、病理的形态反应。

在本书的罗夏测验体系,我们采用三种评判标准:

(1) "F+",即对图版的反应领域与反应内容的投射很确切,很合适;

(2) "F"或"F±",即普通形态,大多数被测者会出现的反应,或形态水准优劣难以明确。

(3) "F-",即不良形态,被测者对图版领域和反应内容不适合,或者有扭曲,失去对现实的认知态度。

我们一般会删去"u"特殊水准。尽管这样的反应有时也会出现,但仔细评估,它不是属于"F+",就是属于"F-",不可能出现普通水准"o"的情况,是因为大多数的被测者不会出现这样的特殊反应,故予以排除,加以简化。

对于形态水准的优劣,要从各种角度去考虑,最重要的是反应的内容和形体,其核心概念与形象的正确与否,即图版的图形轮廓、内容形态和个体投射的概念化产物这三者是否符合一致。施测者要避免个人的主观判断,避免对被测者的形态水准的优劣做出仓促的评估。

因此,对形态水准的评估,还要参考以下五个标准来作出判断:

(1) 准确性(Fitness),或合适性,指的是图版领域、反应内容和概念组织的一致性。

(2) 精巧化(Elaboration-specification),即能进行明确、细致地说明,概念组织的精巧化。

(3) 组织的合适性(Organization),即反应领域和内容在概念中,组织得很适合。

(4) 反应频度(Frequency),在大多数被测者中能否同样出现这样的反应,例如平凡反应就是这样一种频度反应。

(5) 社会的常识性(Consensual appropriateness)。

评判形态 F-时,主要就是被测者对概念中的明确化(Elaboration)和组织的合适性的破坏,或者使图版的各个领域变得支离破碎,或产生不协调的概念。例如对图版X的部分领域反应为“从兔子眼睛中钻出的毛毛虫”,对图版Ⅱ的反应为“人的屁股里长了个痔疮,在冒血”等,这样的形态水准就判定为“F-”。

综上所述,我们在评价反应的形态水准时,需综合考虑以下三方面的表现:准确性、明细化和组织化。

(1) 准确性

准确性指反应在轮廓和形态上与图的领域一致到何种程度。包括三类评价:① 准确反应,反应的形态与图的轮廓一致;② 含混反应,概念所表示的形态含混不清,可以有各种形态,所以不论墨迹像哪个部分都很符合;③ 不准确反应,反应与图的形状不符合。

(2) 明细化

对反应进行详细的说明,通过细节修饰反应的准确性,称为明细化。根据反应与所使用的详细构造相一致的程度,明细化或改善、或损害反应同墨迹像轮廓的适合性。明细化分三种:① 构造性明细化;② 关系的细化;③ 不完善性明细化。

(3) 组织化

组织化指将墨迹领域的各个部分组织起来,构成一种有意义的包括性概念。包括松散的组织化与统合得很好的组织化。组织化取决于位置、机能和运动姿势的有序组合,只是两个概念简单拼凑起来或生拉硬扯的结合,不能称为组织化。

四、形态水准的优劣与异常反应

形态水准的优劣在临床与心理学的诊断中具有重要的意义。F+数值高的人,认知能力良好,精神障碍的可能性就较低,但其中有些被测者也会在受到压抑,处于抑郁状态时,显示较高的F+值;而处于躁狂情绪状态中的人,F+值也会降低。此外,精神病中的妄想型患者,有时会出现较高的F+值,而精神分裂症患者在爆发期,F-%数值会急剧增长。因此F+%的数值是当事人的智力认知与情绪因素相关联的重要测评指标。

此外,F+值是个体内心安定,强大的标志,F-值过多的个体,其内心处于软弱,或意识调控或现实认知能力的减弱。

在判定形态水准是F+还是F-时，施测者要考虑的因素众多，根据罗夏墨迹测验体系间不同研究者的综合观点，约有以下17项：

（1）自我内心的安定性程度；

（2）对现实认知，判断能力；

（3）智力活动的状况；

（4）对对象或事物的感知明确性和准确性；

（5）认知过程的组织和调适能力；

（6）对需要、欲求和冲动行为的调控能力；

（7）批判或评价事物的敏捷性；

（8）丰富、流畅的联想过程；

（9）对压力或压抑的调控能力；

（10）与社会传统习惯和文化的协调能力；

（11）概念的组织，表现能力；

（12）有无逻辑推理能力；

（13）以往生活的经历，经验的丰富程度；

（14）注意持久的能力；

（15）注意力集中的能力；

（16）意识的辨别和判断能力；

（17）人格的安定性状况。

而F-数值高的人，上述17项能力中或多或少存在问题，内心的冲动和欲求强烈，而自我的调适能力减弱，于是出现对客观现实的漠视、曲解等感知，一部分临床上的患者F-数值增多，是因为思考过程扭曲、情绪混乱。

对于F+%数值的常模标准，罗夏测验体系的不同研究者也有各自的见解，目前比较统一的看法是，正常人格健康的成人F+%数值在80%—90%左右，此外如果F-%数值在30%以上，要考虑当事人的心理、精神方面可能存在什么问题或障碍。

研究者们从精神医学的角度，运用罗夏墨迹测验的数据值，来研究不同症状患者的形态水准表现，也得到以下的研究结果：

1. 精神分裂症患者：形态反应数值增多，但形态水准大多不良、扭曲，这是患者因感官和认知功能受损，缺乏细致、丰富的情感活动能力，于是与现实无接触、无关注，对外界的评判能力丧失，观念的产生因而变得贫乏或机械。这是精神分裂症患者在罗夏测验中最显著的表现之一。当然也有一部分精神分裂症状初期的患者中形态水准 F+和 F-，即会有良好与不良形态混合出现的状况。

2. 躁狂症患者：形态水准大多不良，但反应迅速，数量极多，即使有独创性反应 O，但形体不良，有过敏或强迫倾向。

3. 抑郁症患者：形态水准较好，但反应缓慢，数量较少，缺乏想象力，缺乏色彩反应，反应继起特征为严格型。

4. 自杀（抑郁症患者）：形态水准不良 F-%超过 30%，色彩反应和浓淡反应数量增多，投射的形体对象大多是攻击或敌意的否定等意象，有支离破碎倾向。

5. 神经症患者：形态反应减少，但形态水准良好 F+反而有所增加，缺乏浓淡反应，寻求正确，有强迫倾向的防卫机制出现，如同时出现神经衰弱症状的情况，则形态水准的 F+%急剧减少，F-%显著增多。

我们到本书第七章再进一步地具体探讨。

F+%或 F-%的数值统计有三种方法，一是把纯粹的形态反应 F 数和其他并列决定因素如 M、C 等相加，来除 F+，再乘以 100，就是 F+%。正常的个体如果 F+%的数值低于 70%，则心理和精神方面可能存在什么问题或障碍。公式如下：

$$F+\% = \frac{F+}{F(\text{或 } F\pm) + \text{其他并列因素}} \times 100$$

第二种是把所有的反应总数 R，与 F+相除，乘以 100。这种是考察个体的全部反应决定因素和反应内容的质量如何，进一步作临床心理的诊断依据。公式如下：

$$F+\% = \frac{F+ + \text{其他良好的反应因素}}{R(\text{反应总数})} \times 100$$

第三种是形态反应 F 数与其他良好的反应因素数相加，与反应总数（R）相除，乘以 100，以考察个体的潜在问题和潜在发展方向。叫“新 F+%”，公式如下：

$$\text{“新 } F+\%\text{”} = \frac{F(\text{或 } F\pm) + \text{其他良好的反应因素}}{R(\text{反应总数})} \times 100$$

以上三种公式，施测者根据个案当事人的临床评估需要，或心理咨询与健康管理的要求，可以灵活地使用其中 1—2 种。

第五章　情感范畴的评估

一、感情范畴评估的重要性

罗夏墨迹测验过程中，经常有被测者会出现强烈的情感反应，有的会拒绝投射或回答一些图版的意象，有的会中断测验过程，有的甚至会用语言攻击图版或施测者。这中间究竟发生了什么变化？有很多的研究者积累了大量的研究结果，把情感变化称为是罗夏测验中的“船舵”；还有的研究者认为对女性被测者来说，对其情感问题的理解和把握比男性被测者的情感理解更为重要，它是预测女性的行为发生和变化的一大指标。

情感的发生与变化，也会决定个体的认知与意志的活动，例如个体如产生否认的情感会发展到什么程度，又是如何处理的？情感的外化是如何发生的，情感混乱会导致哪些行为？这些都是重大的信息。此外，图版对被测者的感知、自我认知、社会行为有多大的刺激，是正面的、愉快的，还是负面的、令人厌恶的，都是罗夏测验要了解的信息。

例如对图版Ⅱ的反应：“两只猴子在快乐地跳舞”和“两只黑熊在凶猛地格斗”，这两种不同的反应内容，有无差别和情感诉求的不同，这是必须仔细探讨的。也是精神分析学从意识的表面，向潜意识探求，并解开个体内心独有的象征含义的重要手段。

有些被测者在接受罗夏测验之前，已存在重大的情感问题，因内心的痛苦和压抑，又无法用语言和行为表现出来，早已经出现种种的社会不适应状态，因此，在罗夏测验中就会显示出持续地情感混乱。测验结束后，就必须指导当事人进行心理疏导或咨询。否则被测者由于对测验结果的失望和苦恼，就会产生焦虑、紧张、情绪障碍等问题，陷入抑郁的“泥沼”。而心理疏导和咨询的首要目标，是让当事人提高社会适应能力。

另外一些被测者因人际关系问题，或家庭生活婚姻问题等，存在着某种精神痛苦体验，在测验中体现出情感的发泄、攻击或否定的表现。这种否定有时也朝向自我的内心，引起强烈的内心冲突，表现为强烈的情绪不满、情感饥饿和焦虑的色彩。在测验之后，需要施测者具备心理咨询师的能力，对这种情绪压力做一些疏导工作。

罗夏墨迹测验过程，一般的被测者群体会出现两种情感反应现象，即体验型和回避型的。体验型的人对图版刺激造成的情感变化有较高的关注兴趣，情感活动的特征是外显的、扩散的；而回避型的人会极力避开图版对自我情感的刺激，其特点是封闭的、内化不显露的。在具体测验的决定因素上，一般来说有色彩反应 C 的人，情感容易外显、表露；而没有色彩反应 C 的人，情感较压抑，之所以是压抑的、不显露的原因之一，可能是对情感的调控缺乏自信，因而避开情感可能造成的混乱，也可能是对施测者不信任。

在罗夏测验中，一些被测者会显示出理性化的倾向，即用理性去压抑情感。这种倾向，其实是为了减轻情感对自我的冲击性，结果却扭曲了情感的正常活动。这是因为个体自我防御机制的启动，并不能抵御情感的压力，结果出现了矛盾的心理。这在色彩反应 C 和形体反应 F 的决定因素表现上，色彩反应 C 在前，形体反应 F 在后，就是这种理性化的企图。如果纯粹的色彩反应 C 在后面几张图版中数值为 0，或者数值很少，就表明对情感的压抑太强烈，由于害怕情感的外显，有可能造成个体的情感萎缩的危险。

如果形体反映在前，测试越到后面，都是纯粹的色彩反应 C，形体反应 F 缺乏或不见了，这是感情的爆发，可能会出现冲动的行为，如果不对情感冲动做出调整就会产生严重的问题。一般来说儿童期或青春逆反期的孩子，色彩反应 C 数值高于形体反应 F，另外性格不成熟的人也会出现这种情况，这是由于他们内心情感不安定或不适应。

最后不是对图版的黑白而是对图版的色彩作浓淡反应的情况，表示当事人情感可能不稳定，有混乱的可能性，性格外向且焦虑型的人大多会出现这样的反应，但不会造成心理障碍。倒是性格内向，且回避型和焦虑型的人对图版色彩作浓淡反应的场合，问题较为严重，因为他们对情感的体验太强烈，以致很难从混乱、焦虑的漩涡中脱身。

综上所述，在罗夏测验过程中，对情感范畴的评估，要注意以下五条原则：

第一，根据被测者对图版的投射态度和情感表达，来区分其内心的攻击、劣等感或愉悦感等情绪变化的特征；

第二，这种情感的变化，又是如何影响当事人的认知和行为变化的；

第三，被测者对图版刺激所造成的情感变化是回避的（漠不关心、迟钝、封闭的等），还是能体现强烈的关注或兴趣（积极关注、寻求交流、表达等）；

第四，当事人对情感表达的处理方式是怎样的（如对情绪活动的有效调节和控制，或者对情绪活动的忽视、压抑或理性化的倾向）；

第五，如果是不良情绪或敌意攻击的情感表现，还要区分是冲动、焦虑、狂躁、抑郁、紧张、愤怒、矛盾、劣等感或不适当的喜怒哀乐等表达类型，以及情绪混乱的程度，便于罗夏测验结束后的心理疏导或咨询用。

二、情感范畴的分类整理

情感范畴主要包括以下几个大类：敌意感情（Hos），不安情感或焦虑情感（Anx），关心自己身心状况的感情（Bod），依恋、依存情感（Dep），愉快情感（Pos），其他情感（Mis，不能归到上面去的情感），中性情感（Neut，即喜怒哀乐并不出现，或者当事人城府深，或理性化倾向强烈）。感情范畴还包括每项反应内容背后所隐藏的各类感情，鉴定反应内容背后的真正情感种类。

1. 敌意感情

表达敌视、憎恨、讨厌之情，恐惧被伤害，可能有某种的伤害在里面，因此会有敌意或攻击倾向显示。包括：

攻击反应：口腔攻击反应（骂人）、蔑视反应（竖中指）、直接攻击、竞争反应、间接攻击（分为讲些阴阳怪气的话，或者表面是捧你但实际是在攻击，高级黑等）、裸露反应；

武器反应：手枪、刀、剑、拳（这些都是精神分析中的性攻击）；

竞争反应：两个人在打架、两个动物在撕咬（特别是第一张和第三张图版）；

破坏反应：开刀出血、蛋打碎、钳子剪东西。

2. 不安或焦虑情感

表达心理防卫心和警戒心，在他所反应的内容中，他所体现出来的是一种心理防卫和警戒，防御机制强的人焦虑感高，防御机制僵硬的人可能人格有障碍，

但是完全没有防御又很危险,一个人最好是使用柔软适当的防御机制。包括:

缺失反应:无头之人,没有双腿的青蛙;

爆发反应:原子弹爆炸、火山爆发、龙卷风来了;

施虐、受虐反应:第十张图版X反应为血流满地、解剖人体、内脏挖出、铺在地上的野兽的皮;

否定反应:常贬损他人(杂种、混血、汉奸);

焦虑反应:幽灵鬼怪、动物的眼睛、正在考试、正在开会争论;

防备、防御反应:这个人在逃跑,这个人钻进了山洞里等一些保护性的反应;

回避反应:混乱、两难、抽象画(强调"具体我什么也不知道");

恶心反应、厌恶反应:毛毛虫、肉上的蛆、霉菌、虫咬过的苹果;

忧郁反应:枯藤、废墟、墓地、残破的叶子;

混乱反应:乱七八糟的一堆虫子、旋涡等;

性混乱反应:穿女人旗袍的男人、有男性生殖器的女人;

非人反应:美人鱼、狮身人面像、美女蛇;

奇怪反应:海底怪物、火星人进攻地球;

扩散反应:黑云飘过来、影子、洞穴、内脏X光片、冒出来的烟。

3. 关心身体健康状况的情感

解剖反应:猪手、猪脚、骨髓、骨架、X光照片等;

内脏反应:胃、肺、心脏、肠子,特别是把第七、八张图版看成是肠子;

性解剖反应:子宫,第六、八张像阴道、像男性生殖器、像乳房、像臀部等;

性交反应(争议较大,究竟算愉悦情感还是焦虑,一般作为关心身体状况反应):生殖器性交、动物性交、人兽之交(例如第九张图版某个被测者反应男性的生殖器刺到女性阴道当中,此为形态不良);

疾病反应:肿瘤、腐烂的部分、血块、吞了活的东西到胃里未消化;

怀孕反应:怀孕的妇女、子宫里的胎儿。

4. 依恋、依存情感

胎儿反应:小宝宝、婴儿;

家的反应:房子、城堡、温暖的灯塔、灯光;

童话反应:有魔法的东西、棒棒糖、圣诞老人;

宗教反应:上帝、基督、观音、和尚、庙宇、教堂;

权威反应：皇冠、玉玺、龙袍、宝座；

从属反应：背包、手杖、手机、女人的化妆品、手镯；

憧憬反应：天堂、桃花源、世外桃源、理想国；

幼儿、幼稚反应：想到妈妈的怀抱、想吮吸妈妈的奶。

5. 愉快情感

食物反应：香喷喷的面包、海鲜、炸鸡块、冰淇淋等；

接触反应：围巾、烤火、接吻、拥抱、牵手；

自恋反应：照镜子、梳头发、看风景（风景是一种投射）；

幼儿愉快反应：圣诞老人、洋娃娃、玩具狗、陀螺；

娱乐反应：唱歌、跳舞、看小丑、看烟火、在吹奏乐器；

自然美反应：鲜花、山川、河流、海底世界、迪士尼乐园；

装饰反应：美丽的图案、精美的服饰、蝴蝶结；

成功反应：爬到山顶、钓到一条鱼、摘到桃子、完成一篇论文、上完一节艺术欣赏课。

6. 其他感情及中性感情

协调反应：两个好朋友、好夫妻；

其它感情：说不清的，泥土、交通信号；

中性情感：反映了一个人的防御机制，喜怒不形于色。中性感情象征的意义一般看不出来，没有确切的指明对象，中性感情和其他感情一般占反应总数的20%左右，若超过这一数字（中性情感和其他情感太多）表示当事人有很强的心理防御性，但是没有中性情感（爱憎太分明）说明感情的冲动性较强，喜怒哀乐都放在脸上，一定有心理的不适应。

感情范畴一定是需要通过反应内容来判定的，以及施测者和被测者的语言交流来评估整理。感情范畴可以帮助我们了解当事人的内心生活是否丰富、感情能否自我调控、有无正常控制感情的精神力量，以及了解当事人的感情是否僵硬化、偏执化和狭窄化，也是测评当事人心理健康与否的一项重要指标。

三、情感与思考范畴的关联评估

个体情感的背后是由其思考支撑或决定的，被测者的思维活动是明确的、有融通性的，还是僵硬的、狭隘的，决定着情感的表达和变化特征。在心理咨询或治疗室中，有些来访者的情感或情绪障碍其实是由背后的思考障碍导致的。因此，在评估情感的健康与异常的同时，我们还必须对其思考范畴的质量问题进行关联考察。

人类利用自身的认知活动和注意力，获取外界的信息，并与自我的记忆与经验对照后，对信息加以取舍选择，并形成概念和知识，我们称为思考过程。如果思考是具有逻辑性的、统一的、有融通性的，并适应社会生活现实，则是正常的、健康的；如果思考缺乏逻辑性、偏执的、分裂的，或过度的空想和对客观现实不加注意，并以情感变化来支配思考，那就是不正常的或会发生障碍问题。

思考障碍有以下四种程度可供参考评估：

1. 个体的许多思考与客观现实有脱离，常见判断错误，思考的对象缺乏明确性，也不能形成描述性的、有效的、简练的概念；

2. 上述脱离现实问题更为严重，错误的判断和不切实际的想法，引发错误的行为、思考，进而造成情感障碍。

3. 思考障碍明显，甚至出现混乱、矛盾冲突的情况，错误的认知和判断频繁出现，出现奇妙、违反客观现实的概念。

4. 出现病态的、分裂性的思考，例如把动物的“前蹄”称为“人手”，在重大的生活问题上出现错误，思考和情感与社会现实不能兼容，甚至出现幻觉体验，思考被情绪所压倒、抹杀，现实的认知功能受损。

思考范畴的评估，可以在罗夏墨迹测验的自由反应阶段和质疑阶段过程中加以考察。主要方法是观察和记录被测者的自由联想与自言自语（不是施测者诱导后的语言表现），它不仅是心理健康问题的判断依据，也是临床精神病理诊断的重要依据。

情感与思考的关联评估，可以整理为以下 12 种范畴。

1. 压缩收敛的思考态度

拒绝和替代，包括：拒绝具体说明，仅作图版描述、色彩描述、对称比较、色彩命名等。可能内心有神经症冲突，在人际关系方面的问题，采取回避、防御的态度，想象力和创造力贫乏，此外，强迫神经症患者也会出现这类反应。

2. 抽象化与图版印象化的思考

包括直接情绪性反应、不精确反应、象征反应、运动描述、感知串连混淆（通感）等。

即对图版的整体或部分的特征，不是直接反应而是用比喻或隐喻的方式表现，或用个人情绪变化来表示，在需要图版的视觉感知时，却用其他感知觉如听觉、嗅觉等来表现。

3. 防卫性的思考态度

包括使用问句、否定句、抱歉、主观评判、客观评判、附加反应、挑衅式反应、辩论式反应、质疑问难、改变反应、修改反应等。

这是由现实生活中人际关系紧张或障碍导致，也是为了掩饰自我的不安全感下意识活动，被测者为了对抗现实中的种种压力，启动不适当的防卫机制。在临床上多见于不安神经症、强迫神经症或精神分裂症患者等反应模式。

4. 强迫性的思考态度

包括精确限制、强迫完成、决定犹豫、详尽描述、强迫区分等。

这是强迫神经症或强迫型人格，对事物的精确度或完美性地过分强迫要求所导致。其背后是焦虑或不安的心理机制在起作用，因此表现在图版的投射刺激过程中，要求“确切”“准确无误”的情绪表露。

5. 神话般的思考态度

包括情感详尽阐述，不确定性，情感的两面性、象征性内容结合，过度限制，过度指定等。

在图版的投射反应过程中，由于个体的情感过于投入，想象力和语言描述奔放散漫，情感色彩太强烈，以至于脱离了客观现实。

6. 联结虚弱和不稳定的思考

包括无力的阐述，漠然的决定，困惑的描述，不起作用的辨别、混乱、暧昧、遗忘、间接的知觉、联结遗忘等；

这些思考反应现象，一般出现在精神分裂症患者或者脑器质症患者的身上，这是对现实认知能力损伤所导致的结果。

7. 重复偏执性的思考

包括反复阐述、思考长久、持续自言自语、无意识的话语等。

说明被测者观念贫乏，自由联想、创造性的想象力缺乏，存在不安倾向。

8. 武断的思考态度

包括一门心思、随心所欲的解释、独断的合理化企图、武断的描述、图形背景截取与连结、色彩预测、关系预测、过度说明、独断的信念等。

在性格过于自信或自恋的被测者群体中较多见，具有现实的认知能力和一定的想象力，但思考过于个人主观化，以致有时会丧失客观性。如果是临床精神病患者中，多见于妄想型症状的患者。

9. 自闭性的思考倾向

包括观点偏执，内容固执，寓言倾向，神化倾向，混合倾向，矛盾、退化倾向，自闭的解释，墨迹领域不适当联结。

这是因为个体的现实认知能力有所丧失或损失，出现自闭思考的倾向，在临床的精神分裂症患者中，也可常见这种反应模式。

10. 个性化反应或自我紊乱的思考倾向

包括个性化体验、人格保证、使用其他图表例证、虚妄的信念等。

这类被测者把个人的体验、认知，上升到群体、社会性的普遍体验或认知，并进行合理化解释，在自我强化的同时也可能脱离了社会客观现实。

11. 奇特的语言描述倾向

包括语言疏漏、词汇遗忘与再现、动词累赘使用、怪异的语言表述、生造词汇等。

在检查判定过程中，要注意被测者的年龄、受教育学历、智力活动或智商水准、文化背景等因素。如是成人的话，要考虑其有无认知能力或思考障碍，严重的情况下要考虑其精神分裂症状发作的可能性。

12. 意思不连贯，松散的思考倾向

包括：牛头不对马嘴的描述、思维奔逸发散、张冠李戴、指鹿为马、联想散漫无序等。

需要仔细考察被测者有无认知功能障碍问题，或者是防御机制过强，内心压抑所造成的逆反现象，否则要作医学上的脑器质障碍来考虑。

四、病态的反应与评估

罗夏墨迹测验是目前国外精神科医院使用得最为频繁的诊断工具，它主要有以下几个便利的理由：对于临床精神病理的评估和诊断，已经有明确的、大量的常模数据可参考；二是各种理论体系，视角所积累的研究成果，已转化为临床应用技术，例如对精神疾病的分类，病情程度、人格构造、自我功能、人际关系的模式、症状的矛盾等诊断评估，都有大量成熟的范例可供参考；三是罗夏墨迹测验尽管深奥难懂，但是比其他测验工具有趣，奥妙无穷，许多临床精神科医生把它看成是精神科医院中类似“脑 CT”或“心理核磁共振检测仪”类似的诊断工具。因此，在国外精神科医院，一个专业的医生不知晓罗夏墨迹测验，是无法进行工作的、也缺乏共同交流的专业语言。

在这些精神科医院中，特别重视精神病理学，临床案例的研究和积累，但又完全从变态或异常心理学视角出发，对患者的诊断不仅关注其病理数据，更加注目患者的情感、语言、思考、交流的方式等，力图使主观化的测验解释变得更加客观化。

此外，在罗夏墨迹测验中，对精神病范畴的各种症状的区分和诊断，概念和类型更为细致、多样。例如精神分裂症中有急性慢性的妄想、幻觉性精神病、破瓜型（病症缓慢发展型）、单纯型、其他如寡言症状型、多样型精神病、境界例（亚精神病）、非定型精神病、伪抑郁症型、初期症候群、青少年期一过性精神病、反应性精神病、潜在性精神病型等。这些症状在罗夏墨迹测验中的病态反应，一共可以归纳为 10 项，在评估时可以从患者的语言、思考、情感、感知觉和自我功能等方面加以辨认，作出确切的临床诊断。

（1）拒绝反应。精神病患者由于认知功能受损，想象力、创造力和思维的融通性急剧下降，与现实生活的脉络“切断”，认知处于漠然或贫乏的状态，因此“拒绝”的背后，是“丧失”或“无法认知”。

（2）僵硬碎片化的反应。这种反应是精神分裂症患者常见的一种表现特征，对于对象没有理由，没有描述，跳跃式或叠加式地进行反应。例如对于图版Ⅰ，思考反应为“蝙蝠、蝴蝶、昆虫、有缺陷、对称体……”等断片化语言，在情感表达上，会说“全部是乱七八糟的，什么都没有的图片”“一塌糊涂的肮脏墨迹”等，显示否定、攻击或困惑的情绪。

（3）隐藏的怀疑反应。按照罗夏墨迹测验专家认为，这是一种“内的拒绝”反应态度，但被隐藏起来了，图版反应的时间非常短促，不作深入的观察，对图版的墨迹图块只是利用边缘线条来进行投射，反应内容集中在“山”“海岸线”“花瓶”“几何曲线”等事物上，且表情和态度深表怀疑。

（4）距离化、批判的反应。即以一种批判、责疑的态度，和图版保持一定的

"距离感",甚至没有具体反应内容,只是批判性的描述"恐怖的图形""愚蠢的线条""比小丑还要傻""这个跳舞是什么鬼?""比类人猿还不如"等。批判的价值极其"贬低化"或不屑,情感态度表现得很不满。一般在境界例、潜伏性精神病患者中,这种反应会常见。

(5) 对称反应。即几乎对所有的图版都是做"两个""对称的"来反应,连续三张图版的反映内容都是"人脸""树叶"或"水的倒影""照镜子"等,有严重的强迫症状,也有部分患者属于"自我同一性丧失"的精神分裂症候群。其病理表现可称为"照镜症状"。

(6) 感官反应。即没有具体的内容的,缺乏象征含义的投射反应,只是在进行纯感官的知觉描述。例如"好愉快、舒服的感觉啊""似乎一碰就会破碎的东西""被封闭起来的东西""上面部分是善,下面部分是恶""天堂与地狱""白与黑""像乳房一样柔软""愤怒的图形"等。歇斯底里神经症和情感障碍的患者,经常出现这样的反应。

(7) 自我妄想性的反应。即以个人的体验、妄想、幻觉,武断地作出的投射反应。例如对图版Ⅱ,"这是生理的月经血,现在仍然月经期间""这个像女人,和我老婆很像";对图版Ⅹ,"这是蛙人,头是牛蛙,身体是人"等。症状严重者对图版的图形故意进行扭曲投射。例如"左边是侠客,右边是狐狸精""狐狸精披着人的画皮""这女性背后有一个猪一样的幽灵附体""怪物尾巴上有一张人脸"等。在现实认知功能损伤,思维奔逸奇特化的精神分裂症者中常见此类反应。

(8) 特殊限定反应。即在投射反应一个对象内容时,需要用大量的名词或形容词进行修饰限定,否则会处于焦虑、极度不安的情景。例如大小、前后左右、古今中外,某个瞬间的时光,或物理、化学、医学方面的名词、形容词等层层限定。过于精细的说明。在强迫神经症患者中可以常见这样的反应,如"这是五年前,我住院时T老师给我送来的日本动漫小人书,已经破旧了""这是儿童游戏画,我表姐结婚时的图画,那时我很天真,很愉快,我内心渴望的一幅图景"等。

(9) 双关或隐喻性的反应。例如"像江湖贩子,现在社会上捣糨糊的人太多了""苍蝇,白领中的精英分子""是毛驴,张果老的驴不见奇(骑)""一张驴皮,驴皮贴墙上不像话(画)""蝙蝠,蝙蝠身上还插鸡毛,你算什么鸟"等。即利用语言中的谐音现象来进行联想、投射,反应数值不多,可以表现被测者的智力活动丰富,但连续几张图版较多反映内容都是如此,说明当事人的人际关系有问题,攻击性强,有人格障碍或潜伏性精神病症状存在。

(10) 怪异的内容反应。即投射反映的内容极度不符合现实,形体 F 不良,充满扭曲、破坏、残酷或性攻击的倾向。例如对图版 X 反应“是男性在路边撒尿,被太阳晒干后的图形”“洞穴里的畸形胎儿”“鱼的内脏被剖开做成的标本”“一只猫被汽车碾压后的形状”“这张脸,有哭,有笑,还在梦中”“这里是绞架,这是十字架,这里还有一张快上绞刑台的人脸”等。这些扭曲不良的形体内容反应,极有可能预示被测者有严重的 PTSD,或精神创伤后的综合征,需要紧急的心理危机干预或精神医学的治疗。

第六章　数据统计与案例报告写作

一、记号化技术与数据统计

记号化就是在罗夏测验中的自由反应和质疑阶段得到的资料基础上，对各图版的反应内容按英文字母记号进行整理和分类。整理和分类按反应数与时间、反应领域、反应决定因素、反应内容与感情范畴几方面进行（详见图 6－1、图 6－2）。下面对一些常用的记号分别加以讲解：

1. 反应数与时间

（1）总计的反应数（R）。普通人一般有 20—45 个反应。反应多，表明观念的丰富性、创造性强，想象力发达，也有可能是对数量有强迫性的追求，内心有高度的紧张感和达成欲，智力显示欲强。反应少，表明内心警戒心强，有某种抑制感和心理防卫。或是观念贫乏，有抑郁或弱智的可能。

（2）拒绝反应的图版（Rej）。正常人没有拒绝反应，出现 Rej，有以下几种可能：① 对反应内容的感觉统合有困难；② 对黑白或色彩产生了心理冲击感；③ 观念或思维贫乏的表现；④ 看到了内容却不讲，有较强的心理防卫。

（3）附加反应数（Add）。有 Add，是自我的强迫表现或温和、畏缩的表现，说明心理防卫的解除。

（4）平均初发反应时（IntRT）。一般在 30 秒之内。反应快，说明智力敏捷；躁狂、癫痫患者反应也很快。反应迟缓，说明思维、观念活动贫乏；智力衰退；或心理防卫高。

（5）黑白图版平均初发反应时（T/ach）。如 T/ach 较 T/C 明显迟缓，表明有明暗冲击，即被明暗引发了无限联想，一时难以反应。

（6）彩色图版平均初发反应时（T/C），一般而言，T/C 略长于 T/ach。如 T/C 较 T/ach 明显很长，表明有色彩冲击，即被色彩引发了无限联想，一时难以反应。

如 T/C 较短，则说明该人易受刺激，在社交活动中易受到华丽表面的吸引。

2. 反应领域

反应领域是根据被测者使用的图版墨迹领域，对反应进行领域的构造分类，包括：

（1）整体反应（W）。对墨迹全体进行反应，称整体反应，包括两类：① 结合反应 DW，即在整张图版中看出一体性的事物，如花朵和叶子的结合。② 两个领域的整体反应 DW，在整张图版中看出两个事物的组合，如狗和骆驼。

W 反应如形态良好，是理论性、抽象性，以及综合智力的表现。亚洲人的 W 反应占反应总数的 40%—45%，欧美人为 30%。W 过多，代表达成欲望高，控制欲强，有超出自己能力的野心。W 如形态不良，代表被动、不安的心态，如不能对事物作全体考虑，就感到不安心。

（2）切断整体反应（₩）。想对墨迹全体进行反应，但却将细小部分疏忽或删除了，称切断整体反应。被测者往往会说："整体看起来像……，要是没有……就好了。"

₩反应代表观察与判断的敏锐性。₩反应过多的人，具有过度批判性和完美主义的强迫倾向，人际关系往往相处不好。

（3）普通大部分反应（D）。对被空白、浓淡、色彩等墨迹图像的形态性质所隔开的较大部分进行反应，称普通大部分反应。

D 代表智力的现实性、具体性和常识性。一般占反应总数的 40%—45%。D 过少，表明对现实问题有回避倾向。

（4）普通小部分反应（d）。对被空白、浓淡、色彩等墨迹图像的形态性质所隔开的小部分进行反应，称普通小部分反应。

d 代表智力的细致性和精密的观察力。一般占反应总数的 5%—6%。

（5）异常部分反应（Dd）。所使用的墨迹部分，既不能归入普通大部分反应，又不能归入普通小部分反应，称异常部分反应。

Dd 代表能观察到现实生活中的异常与变态；或故意想表现自己的独特性、表现与众不同的思考态度，有追求完美、与他人格格不入，以及不合群的倾向。一般占反应总数的 4%—5%。

（6）空白部分反应（S）。对空白部分作为图案进行反应，而将墨迹轮廓部分作为背景，称为空白部分反应。

S 代表观察的细致与视觉的新颖性；也代表具有批判性、逆反心理，以及反叛的态度。表明具有独特的逆向思维，是并对客观事物进行批判的智力表现。

罗夏测验数据整理表

反应数与时间

反应总数 R____

拒绝反应 Rej____

附加反应 Add____

总反应时间 T/R____

平均最初反应时间 IntRT.____

(T/ach____ T/c.____

反应领域

整体反映 W____

切断整体反应~~W~~____

结合反应 DW____

普通部分反应 D____

稀少部分反应 d____

异常部分反应 Dd____

空白间隙反应 s____

反应继起的特征____

旋转度 Tur%____

形态水准

良好(+)____，____%

一般(±)____，____%

不良(-)____，____%

全体水准 F+____%

F-____%

决定因素

形体反应 F____(F+____F±____F-____)

人类运动反应 M____(M+____M'+____M-____)

动物运动反应 FM____(FM+____FM-____)

无生命运动反应 m____ (m+____m±____m-____)

立体景色反应 V____(V+____V±____V-____)

浓淡反应 Y____(Y+____Y-____)

物品质地反应 T____(T+____T-____)

黑白反应 C' ____(C'+____C'-____)

色彩反应 C____(C+____C-____)

平凡反应 P____

个性/创造性反应 O____

其他要注意的因素与事项

1. ________________

2. ________________

3. ________________

____

____

图 6-1 记号化的数据整理表(1)

反应内容

动物反应 A%____

(A ____,Ad____)

(A/____,Ad/____)

人类反应 H%

(H____,Hd____)

(Hd/____,H/____)

解剖反应 at____, at%____

性反应 sex____, sex%____

血液反应 Bl____

疾病反应 dis____

死亡反应 De____

食物反应 Food____

生活用品反应 Li____

艺术反应 Art____

自然反应 ntr____

风景反应 ls____

植物反应 bt____

火反应 fire____

爆发反应 ex____

建造物反应 arch____

交通反应 Tra____

科学反应 Sci____

职业反应 Voc____

宗教反应 Rel____

神秘反应 Myt____

地图反应 Geo____

战争反应 War____

记号反应 Sign____

抽象反应 Abs____

娱乐反应 Rec____

政治反应 Poli____

其他反应 Mi____

反应内容范畴数 Range____

感情范畴

敌意感情 Hos____,____%

不安感情 Anx____,____%

身心健康状况 Bod____,____%

依存感情 Dep____,____%

愉快感情 Posi____,____%

其他感情 Mis____,____%

中性感情 Neut____,____%

精神医学的临床诊断事项

1. ________________________________

2. ________________________________

3. ________________________________

____

____

____

____

图 6-2　记号化的数据整理表(2)

(7) 旋转度(Tur%)在正常位置以外的位置反应的总数,称为旋转度。它代表思考的弹性、柔软性和融通性。旋转度小,说明性格顺从、依存;或自由性、创造性缺乏。旋转度大,说明性格不稳定、对现状不满,喜新厌旧;或患有躁狂,青少年或有多动症倾向。一般而言,女性的旋转度较男性的低;内向者较外向者低。

(8) 反应继起特征。即几张图版的反应领域顺序的共通性。每张图版的各个反应的反应领域顺序有四种:(1) 全体—部分,如 W - D - d;(2) 部分—全体,如 d - D - w;(3) 全体—全体;(4) 部分—部分。看十张图版中,有几张图版的反应领域顺序相同,据此确定反应继起的特征。

反应继起的特征分四种:(1) 严格型,10 张图版都是有规律的,表明性格固执或智力僵化;(2) 普通型,6—9 张图版是规则的,反映了智力的弹性和灵活性;(3) 松弛型,3—5 张图版是规则的,反映了自我控制的弱化;(4) 混乱型,2 张图版或以下有规律,是非常奇怪、次序混乱的标志。

反应决定因素是根据被测者对图版所想象的性质,对反应进行的分类。形状、运动、浓淡、色彩等都是反应的决定因素。

“其他要注意的因素事项”是指被测者反应的内容中有无异常的特征,以及难以辨别的形态水准之优劣,包括施测者感到困惑,一时难以解说的问题等。

反应内容范畴数 Range:统计被测者的所有反应涉及的反应内容范畴总数。范畴数大,表明知识面广,思路开阔,智商较高。

“感情范畴”是指隐含在每项反应内容背后的情感因素。

感情范畴通常通过反应内容、被测者的语言以及施测者的观察来综合判断,通过感情范畴的评定,可以了解被测者内心生活是否丰富,感情能否自我调控,有无正常的控制感情的精神力量,以及感情有无僵硬化、固执化和狭窄化,情感范畴可作为心理不适应或障碍与问题的一项指标。

“精神医学的临床诊断事项“是指从异常心理学视角或精神医学的临床诊断角度,了解到的被测者的病态反应内容,或者障碍、症状等问题的记录。

二、案例报告的整理与写作

对罗夏测验的结果进行案例报告和写作时,要注意一下几个事项:

(1) 标出案例报告的主题;

(2) 简介被测者的生活背景,生活史上的特征事项等,以及测验时的场景,被测者的情绪、行为等(但注意保护隐私,遵守案例报告的心理伦理准则)。

(3) 用序列分析技术,对被测者的10张图版的反应内容依次整理记录;

(4) 对整理记录下的10张图版的反应内容,试进行心理分析和评估(如果有图版反应具体图表也可以出示);

(5) 准备作最后的综合解析和评估报告。

以下试用三个罗夏测验案例报告作示范(作者对在日本留学的三个中国留学生的心理测验结果)。

案例报告(1)——婚恋风波

S,30岁,女性,私立大学经济学专业留学生。

生活和留学经历概要 S出生在中国的Z市。父亲原是专科学校教师,在母亲的要求下,父亲转到一家大公司从事管理工作。S从初中到高中时一直是一名优秀的乒乓球选手,考入大学后,她专攻体育生理学。大学毕业后,她在某合资公司做经理秘书,24岁时结婚。由于和婆婆关系不好,丈夫又有重度阳痿,在一段不幸的婚姻生活后她离了婚。28岁时(1993年)赴日留学,现于A县的某私立大学攻读经济学。

来日本两年后的一个深夜,她从远离N市的大学宿舍给心理医生打电话说:"希望能心理咨询一下,请一定见一见我。"

S来到日本后,她一边学习,一边在国铁车站附近的一家商务会社打工。虽然她有着离婚的不幸经历,但作为一个在异国奋斗的年轻女性,她还是常被孤独感所困扰。这时,她注意到一起打工的一个中国留学生H。H比她小4岁,在N大学学习信息技术通信专业。不久,两人的关系越来越亲密。相遇半年后,H向S求爱。S觉得十分不安,痛苦的婚姻生活经历使她丧失了自信,她不知道在异国与比自己年轻的男性恋爱,将来的生活是否会幸福。

面接的那天,她衣着华丽,面容端庄美丽,看上去比实际年龄要年轻许多。平静的外表下隐藏着对他人的戒备之心。以下是S的罗夏测试报告。

【罗夏测验的反应】

图版Ⅰ

5″(初始反应时间,下同)。这是什么? 这个黑的,像是蝙蝠(笑)。嘿,实际上什么也不是呀。图形看上去大致上还是像蝙蝠。〈还有吗?〉(主试讲的话,下同)。对了,像两个长翅膀的天使正要搭救中间的人,在做着什么事情,就不是我们人类所能理解的了。60″(反应终了时间,下同)。

图版Ⅱ

10″。好像是人的内脏。像是医学解剖图。〈还有吗?〉其他的我就不明白了。40″。

图版Ⅲ

8″。我觉得这也是人,电影里马戏团的小矮人,或是中国普通家庭里做摆设的木偶人。既像男的又像女的,哈哈(笑),真滑稽。就是这些感觉。40″。

图版Ⅳ

15″。这个? 不知道。啊,像是大猩猩的背影,没有这个(指着D1)就更像了。觉得它的四肢很健壮。45″。

图版Ⅴ

10″。总的来看,像蝴蝶、蝙蝠一样的东西。还是野兔的耳朵,这里(D2+D2),直直地竖在那里。耳朵虽是很长,可是样子不像是活兔子的耳朵。55″。

图版Ⅵ

25″。呃,这个,不知道。呢,中间毛茸茸的像是中国古代民族乐器——手拨琵琶的弦。〈还有吗?〉没了,就这些。45″。

图版Ⅶ

14″。这个,完全不明白是什么,就是这个样子吗?〈请随意想象。〉呃,不知道。这个暗处是……(指着D3),还是不知道。(属于拒绝反应)45″。

图版Ⅷ

15″。这个是,(指着D1+D1)像是两头悬挂着的动物,两端像是老鼠一类的东西。总的来看,什么感觉也没有,我不大喜欢这种颜色。60″。

图版Ⅸ

7″。完全不知道是什么东西。对了,像骸骨,可是有颜色。但仔细看看,又不知道是些什么。只是觉得不像是好东西,1′05″。

图版X

10″。这真是乱七八糟,像淘气的小孩子玩水,像是男孩子随地小便,还没干的水洼,还有颜色,有点奇怪。地上的小便在阳光下,有时也会有这样的形状和颜色的吧,其他也没什么了。就是这些。1′50″。

【内容分析】

图版Ⅰ,被测者一开始就问“这是什么?”可以说是对心理咨询师指示的不信任和想要发现隐藏在背后的正确答案的态度。结果,被测者作出“蝙蝠”的一般反应,但是,仍显示出一种心理防卫、压抑、回避的反应。第二反应的印象有些稍稍向外扩展,虽有一定创造性,可却常常为不信任感或压力感所限制。在对罗夏测试表示心理防卫的同时,却还是表示了对“两个天使”(权威)救援的憧憬、想象的状态。

图版Ⅱ,反应为“解剖”。从精神分析学的潜意识理论来看,这一反应是被测者对(医学)权威的依存,另一方面也显示了被测者无意识的欲求。表面上戴着医学分析的面具,内心里也许就是对身体的欲求或对肉体接触的憧憬。

图版Ⅲ,马戏团小矮人以及木偶人的反应,代表了被测者在人际关系方面难以对他人产生一种良好的印象。在质疑阶段中被测者说马戏团小矮人与木偶人“既像男的又像女的”,说明性别定位的不明确。这可能因为被测者对男女的性角色认识含糊,或对男性感觉与对人际关系无法定位。

图版Ⅳ,贝克(1967)将此图版定义为有关父亲印象的卡片。被测者的反应为“大猩猩”,这意味着在她的印象中有一个男性威压的存在。这里还出现了唯一的阴影反应,这也许暗示着她内心深处渴望对男性权威依存和接触的隐秘的愿望。

图版Ⅴ,第一反应为“蝴蝶”,而在质疑阶段,被测者说“说不清楚是什么”,并将责任推卸于图版与检测者。这说明当事人缺乏自信,或存在着防卫心理或对他人的戒备心理。

图版Ⅵ,音乐是人的情绪表达方式,在中国古代,音乐是男女传情的手段之一。若将琵琶看做是古代中国女性传情达意的象征,则可看出“手拨琵琶弦”这一反应与情爱有关。这里的反应模式与图版Ⅳ 的反应模式相同,暗示着对男性身体欲求的高涨。

图版Ⅶ,这里出现了拒绝反应。这被认为对卡片下部 D3 阴影部分的回避。此阴影部分会使一部分被测者联想起女性的性器。拒绝反应也许就是因为被测者为进行心理防卫而回避有性的含义的反应。

图版Ⅷ,被测者最初对全色彩图版的部分作出了普通反应(即一般常人共同具有的平凡反应),形态水准良好。但是最后她又作了"我不太喜欢这种颜色"的评价。这表示被测者感到了色彩的压迫,显示被测者在某种陌生的场面(或异文化环境)中感到困惑的情绪。

图版Ⅸ,"骸骨"反应说明被测者受到色彩(不同的场面,不同的经验)的冲击,害怕失去控制力,感到了威胁。对自己的感情、欲求的压抑使她觉得内心世界中最有生机的部分化为了"骸骨"。但是,反应的形态水准中并无崩溃感,不属于病理反应。

图版Ⅹ,"男孩子随地小便""小便的水洼"等反应显示了在被测者的心理世界中,对性的间接关心。"男孩子随地小便"暗示着被测者对男性力量以及性的无拘束的想象。然而在现实生活中,当事人对异性的感情和爱受到了阻碍,或者说她缺乏实现感情的力量。作为女性当事人的性意识发展日趋成熟,追求爱情的欲望也日益强烈,然而无力感、恐怖感和爱的烦恼依然隐藏得很深刻。

通过罗夏测试法心理诊断和咨询,对 S 的适应问题作出的解释如下:

被测者的基本问题是对爱情的欲求与不满足,精神性与肉体性,压抑与冲动之间存在着的矛盾。S 曾有不幸的婚姻经历,她表面上压抑爱的感情,但无意识中却留有强烈的爱情欲求及依存欲求。来到日本后,她面临着异文化环境中新的人际关系与机遇,对此她表现出自我压抑,固守孤独的内心世界的强迫倾向。对他人,对男性抱有不信任、防卫、戒备的态度。因此,她产生了自我封闭的倾向。

S 的人际关系中不仅存在着不信任感,还有可能积蓄着一种愤恨,这是原本潜藏在内心的心理矛盾在异文化环境中的表面化与扩大化。然而,罗夏测试报告显示,就总体而言,被测者没有精神病理性的异常反应,在现实场面中的心理控制力也无崩溃迹象。根据 S 的感想,我们可推知她虽有不幸的生活经历,但同时也有着压抑感情、以自己的方式处理现实场面的能力。但是,她还需要一定的精神力量使自己恢复至良好适应的状态,为此,需要及早对她实行心理咨询或心理援助。

案例报告(2)——走进赌场的人

Y,29岁,男性,研究生。

生活和留学经历概要 Y于两年前来到日本,现于K大学专攻农学专业,是个非常认真的留学生。Y曾申请学费减免,原以为可全额减免,结果只得到半额减免。此后,他迷上了“扒金谷”(日本的娱乐性赌场)的弹子机,半年的奖学金和生活费因此挥霍一空。因经济困难而忧虑的Y去了留学生咨询中心和大学的心理咨询室,他用夹杂着汉语的日语,断断续续地诉说了他债台高筑的烦恼。Y的心中存在着被害的意识,以为自己受到了大学和日本人的歧视。这种被害意识因学费只获得一半减免而爆发。可是为了消除心理压力,他又沉迷于赌场的弹子机之中。在这种痛苦的矛盾心境中,他出现了紧张、失眠、头疼、焦躁、胸闷发汗等异常症状。接受了心理咨询后,他回国进行了一个月的休整。重回日本后,他的身心恢复状态相当良好,学习也很努力。以下是Y在归国休假前的罗夏测试报告。

【罗夏测验的反应】

图版Ⅰ

25″。这好像是两个鬼神般的人。这个人的手拉着另一个人的手(D5),这种测试的图版是谁制作的?这个(D4)像鬼神的翅膀。对不起,这个图版从任何一个方向看都可以吗?〈对,请随便看。〉嘿,全体像是女王的王冠,安放在桌上的王冠。1′20″。

图版Ⅱ

17″。啊,两头熊互相用脚尖踩对方,还在说话。还像是两个小丑在做滑稽动作,好像还挺卖力的呢。这个(D3)像是红色的帽子,下面(D4)的部分如没有的话就更像了。这个(D3+D3)是红色的昆虫吧,嘿,还像是领结。2′04″。

图版Ⅲ

10″。这里像是两个黑人在打鼓,两侧红颜色的东西如同传说中的凤凰在飞舞。中间(D4)像是红色的缎带。这两个人应该说是野人,不是黑人,两侧的凤凰象征着热情……啊,现在看上去又像是老虎的头,像是个躺在地上的老虎在赶苍蝇。2′14″。

图版Ⅳ

15″。这是怪物吧。叉着双腿稳稳地站着，下面(D1)中间的部分如果没有的话就完全是怪物的样子了。这里(D1)让人想起中国古代绘画中龙的头。还有眼珠(DS5+DS5)，四周是乌云吧……〈为什么是乌云的样子?〉乍一看，黑乎乎的，滚滚地升腾起来。1′55″。

图版Ⅴ

6″。乍一看像是黑色的蝴蝶，又像是个戴帽子的女人站在那里，从没见过这种帽子，她的腿纤细得出奇。〈像是非现实的人类吗?〉不是。奇怪的是，感觉像黑夜中从远处望见的女人。又像是乌鸦一类的鸟张着嘴，一边飞，一边嘎嘎地叫着。2′01″。

图版Ⅵ

8″。嘿，这是什么呢? 下面像是狗的脸，上面乍一看像古代寺庙或洞窟中的佛教雕像。形状有点奇怪。总体是像一架战斗机。这里(D1)，战斗机里的士兵奇怪的伸着脖子。两边(D5+D5)机翼前突出的东西像是机关炮。2′09″。

图版Ⅶ

9″。两个女孩在跳舞。头和下半身很大，奇形怪状，不过挺有趣的。这里(DS6)感觉像是洞窟，嗯……等一下，这像是生殖器，哈哈(笑)，不过究竟是女性的还是男性的就不知道了……不知道。(笑着，交还图版)2′13″。

图版Ⅷ

15″。这是盏吊灯，装饰华丽，放着光芒。两边的东西像是老虎或狼之类的动物，好像正在往岩石上跳。嘿，又觉得总体像花，像是被压扁的花。2′10″。

图版Ⅸ

5″。正中间细长的东西像是蜡烛，下面像是桌子，如同正在往上喷着水。现在看上去又像是内脏的解剖图，记得在高中读书做实验时看见过这样的图，但不知道它是什么内脏。1′35″。

图版Ⅹ

11″。啊，这简直是混沌世界，像是兔子的脸，还有眼睛、嘴巴，这样子真奇怪。嘿，看上去又像是一头在吼叫的狮子。总体上看像是什么昆虫的标本箱。农业学展览室里的标本箱，各种各样的昆虫左右对称地排列在标本箱里。又像是一摊水，在太阳光下水洼总是反射出这样的颜色。2′08″。

【内容分析】

图版Ⅰ,被测者的第一反应是“鬼神”。这未必是异常反应,不过它可能表示被测者对未知场面(不同的环境)的紧张和不适应。对被测者而言,“鬼神般的人”似乎是外界中对自我的一个未知的威胁。第二反应是“安放在桌上的女王的王冠”被测者似乎想逃离第一反应的威胁。他试图动员内心的力量与一种自我丧失体验相对抗,并由此得到了些安定感。然而,图版Ⅰ的总体反应还是表现出一种神经质和紧张感的。

图版Ⅱ,第一反应是普通反应,形体处理较好,第二、第三反应中出现了对色彩的轻微困惑。三个切断反应(删除小部分图形后的整体反应)表示被测者对场面认知的犹豫和不安。在第二反应中,被测者认为在做滑稽动作的小丑“下面的部分如没有的话就更像了”,这说明他想追求一种完全感。被测者对下方红色部分的否定,表示他对情绪性刺激部分的舍弃。这些都说明被测者心中存在着的两种互相对立的倾向。然而他却不知如何统一这个内心矛盾。

图版Ⅲ,红色领域的反应与黑色领域的反应完全分离。打鼓的黑人或野人可被认为是另类异文化的代表体。中国传说中的风凰则是本民族文化的典型形象。这两种文化也许时常在被测者的心理世界中产生矛盾和冲突。实际上被测者在留学生活中确实存在着某种心理抗争和心理矛盾。这一反应也具有一些冲动性(风凰象征着热情)。中国古代传说中,凤凰是火中重生的牺牲者的形象。这也许与当事人的学费减免事件及赌博受挫折等问题有关,被测者可能认为在这此事件中他充当了受害者的角色,渴望排除障碍得到新的发展。

图版Ⅳ,第一反应是有着浓重阴影的“怪物”。对紧张不安的被测者而言,这意味着某种文化冲击。此图版原本被定义为与父亲及权威者的形象相关的图版。“叉着双腿稳稳地站着的怪物”“黑乎乎的在乌云中的龙头”,都表现了被测者对社会权威的质疑与畏惧。然而,测试反应水准仍属于正常范围。可见被测者对现实的认知能力并未受损。第二反应与第一反应在内容上基本一致。

图版Ⅴ,被测者对这一图版的反应最快。第一反应“黑色的蝴蝶”为普通反应,不存在问题。第二反应是“腿细得出奇”的“像黑夜中从远处望见的女人”,图版的阴影形状对他的影响非常大。这也许反映了被测者内心深处对爱情的渴求。在咨询面接中,被测者想起了自己的故乡。第二反应中嘎嘎叫的乌鸦一类的鸟正表示了他对故乡怀念或对爱情的渴望。

图版Ⅵ,与图版Ⅴ的反应相同,对阴影形状的反应占支配地位。第一反应是“狗的脸”,第二反应是“寺庙或古代洞窟中的佛教雕像”,两者的反应很不协调,是一个跳跃着的奇异联想。“狗”是现实中存在的东西,“寺庙”“佛教雕像”则似乎代表神秘的世界,对被测者来说是一种宗教文化的存在。被测者也许对这里的阴影和黑暗具有忌讳和防卫的态度。第三反应为“战斗机”“机关炮”等形象。这是一个相当有攻击性、有敌意的反应。被测者的这种攻击性与敌意,可理解为学费减免事件而产生的愤怒与不满所导致的。

图版Ⅶ,三个反应之间有紧密的联系。被测者从“女孩在跳舞”联想到“洞窟”,再联想到“生殖器”。这是个令精神分析学家感兴趣的精神现象。这些反应以性的内容为中心,跳舞的女孩子是情绪性反应,洞窟代表女性性器官,第三反应就直接联想到“生殖器”了。但是,被测者无法推断此“生殖器”的性别。这也许是被测者对异性及他人的不信任和戒备的心态,而不是他内心世界中的性混乱的意识表现。但形态反应中没有突出的歪曲印象,反应的形体水准也能够被理解,因此不属于病理性反应。

图版Ⅷ,这是第一张全色彩卡片,被测者用了 15 秒才作出第一反应,全部反应时间为 2 分 10 秒。我们可据此推断,被测者在这里有过若干情绪动摇。第三反应内容为“被压扁的花”。这个“被压扁的花”对被测者而言究竟意味着什么?在质疑阶段中他的回答不甚明了。心理咨询师认为被压扁的花是赌博造成经济损失和无法免除全额学费等事件而感到受害心理的投射,具有强烈的不满感和牺牲者的含义。

图版Ⅸ,第一反应中出现了回避色彩压迫感的倾向。“蜡烛”的反应形体水准尚可,然而在中国传统文化中,蜡烛是牺牲者的形象。下面“桌子”的反应可以看做是被测者在寻求支持自我的力量、爱情和外界的援助。第二反应为“内脏的解剖图”。这仍然是与某种被解剖被摧毁的受害意识相关的反应。

图版Ⅹ,“混沌世界”的反应代表被测者在日本留学生活中遇到的困难、矛盾和不安。被测者力图控制自我,想将其变为“左右对称排列的昆虫”的标本箱,然而“水洼”反应是自我丧失与不安的反应投射。被测者在现实生活适应方面一定存在着心理抗争和心理矛盾。因此,他依存于日本“扒金谷”弹子机的赌博活动来试图克服这一混沌世界,结果却是遭到更大的不幸。

通过罗夏测试法心理诊断和咨询，对 Y 的适应问题作出的解释如下：

被测者自立意识较强，具有较强的精神能量，如能积极利用这种精神能量，他也许能够适应留学生活。在罗夏测试中并未出现强迫反应。被测者富于智慧和创造力，如在日本的生活适应问题得以解决，他将有望获得成功留学的成果。然而，在对测试咨询内容作出详细讨论后，人们仍可发现当事人的内心深处隐藏着的心理问题。例如，被害者或牺牲者意识强烈，因此出现了两重性分裂感情与攻击性情绪。对罗夏测试图版的阴影反应和色彩反应中表现出的不安和神经质的现象十分严重。个人的内在世界与外在世界、现实与非现实、意识与无意识之间处于混淆的状态之中。同时，他易于受主观空想世界支配，对现实场面反应较冲动，易于兴奋，这常常导致他的希望落空。被测者在基本的人际关系中缺乏信赖感，固守自我的立场。另一方面他在无意识中始终存在着某种依存欲求与爱情欲求，但自我的心理矛盾与情绪紧张感又不断加剧。这种依存和爱情欲求若长期与被害感相互作用将导致被测者的现实处理能力低下。因此，有必要对被测者实施持续的心理咨询和辅导。

案例报告(3)——寂寞的心

Q，27 岁，女性，专科学校留学生。

生活和留学经历概要 Q 出生于中国南方的一个沿海小城市，一年前来到日本。她最初在日语学校学习日语，此后，进入 N 市的某专科学校服装设计科。进入新居后，为了支付每月的房租、生活费和高额学费，约 100 万日元的打工积蓄瞬间便花完了。她不得不边读书边在 N 市 H 路的一家酒吧打工。她常想找人倾诉她的孤单、寂寞、苦闷与失眠的愁苦。她很想接受心理咨询，却总是抽不出时间。Q 每天从早到晚拼死拼活地打工、学习。经熟人介绍，她在某留学生中心进行了第一次心理咨询后，便约定打工下班后在文化中心的咨询室进行第二次心理测试与咨询。

那天晚上过了约定时间的半小时后，她才出现。笔者准备了心理检测的工具，她见了以后不由得笑了起来，“我最喜欢和你这样的心理学家来往。我也看过很多心理学方面的书。”

但是，在咨询过程中自称读过好多心理学书籍的她却没有提到过一本心理学的书名。喝完了咖啡,吃了些点心以后,她精神了许多,开始向我诉说与男友争吵了一场,两人就分手了。后来因日语学校的一位朋友介绍,她开始和一个日本青年交往。她认为只要和日本人结婚就能得到幸福,可两人之间语言不通,无法交流情感,因而难以形成恋爱关系。为此她的情绪很不稳定。她总是诉苦道:"以后我该怎么办呢?……真寂寞,总是感到苦闷和烦恼,真想让心情开朗起来。"

以下是 Q 的罗夏测试报告。

【罗夏测验的反应】

图版 I

15″。可以开始了吗?像是个蝙蝠。这个(D3+D3)像是张开的翅膀。只让人想起恐怖小说里那种恶魔般的蝙蝠。中间像是一只独角虫什么的……啊,是树上的蝉。1′15″。

图版 II

25″。乍一看像火炉。这里(D4)像是火在燃烧,似乎正迸溅着热情的火花。但是,总体形象如同古代神话里的深山宝塔和神仙的居所,红色的部分不知道是什么,啊,应该是神仙在深山中镇护幽灵的宝物。就这些。2′10″。

图版 III

12″。两个人面对面,像是在做饭。后面像是红色的火焰在燃烧。中间的东西,好像是火?还是做饭用的餐具?不太清楚……其他的印象嘛,勉强地说,感觉图形的样子像是青蛙,不对,不是青蛙,是一个坐着的熊。1′10″。

图版 IV

40″。啊,这是什么呀?妖怪的脸,人的身体。《西游记》里描写过这种妖怪。对了,外国电影中也有这样的妖怪,生活在地下,经常侠义助人。嘿,仔细一看又像是中国的民族工艺品。中间的雕刻品是汉白玉,四周的东西像是古代的鼎。1′40″。

图版 V

4″。这个,像是蜘蛛……嗯,像是蜘蛛精。样子像女人,张着翅膀,应该不是人,是妖精,还好像是昆虫。但不知道是什么种类的昆虫。50″。

图版 VI

9″。虽然样子不太正确,但看上去像是动物的解剖图……被解剖的猪肉。中间的线像是湖或河，上面是山，下面也许是倒映着山色的湖水。感觉似乎是幅风景画。然后觉得像是射箭的草靶，武士练武时经常使用的器具。1′10″。

图版Ⅶ

20″。像是两个少女在跳舞。孩子般的脸，面对面……又觉得，四周像是山，中间像是水坝。这里（DS6），白色的部分像水，两边的山上似乎是奇怪的石头。就这些。1′50″。

图版Ⅷ

25″。这张图形真令人无法理解。两侧像是熊一样的动物。其余的部分就不知道是什么了。这个部分（D2）是人或动物的内脏吧。就这些 1′30″。

图版Ⅸ

1′5″。很难说出一个总体印象。下面的部分（D5）是什么呢？像是烤白薯，让人联想起狗或猫一类的动物，好像咬着什么东西。样子不大清晰。2′35″。

图版Ⅹ

10″。到处是虫。下面绿色的是蝈蝈虫。中间的左右两边不知是蜘蛛还是小鸟一样的东西。中间茶色的像是某种昆虫，嗯，不太清楚。总之，是一群虫。又像是中国古代的灯笼。里面有火，很温暖明亮。2′35″。

【内容分析】

图版Ⅰ，被测者在第一反应中是否会出现普通反应，是评判她在未知场面中是否能保持普通行为方式的指标。被测者对第一张卡片的反应是“恐怖小说里那种恶魔般的蝙蝠”，这说明她遇到未知场面时确实出现紧张、不安、不适应状况，并力图想从这紧张不安的场面中逃脱。在受外界威胁力量侵袭时，被测者容易产生不安的印象。第二反应是“蝉”。这是试图逃脱第一反应的威胁而产生的反应。与第一反应相比较，被测者拉开了与测定图版的距离，并取得了安定感，而就总体而言，仍留有若干不安的印象。

图版Ⅱ，出现了对色彩的轻微困惑感。第一反应为“火炉”，被测者还说明道“迸溅着热情的火花”，这表现了一种外扩的、冲动的感情。“火炉”背后隐藏着对温暖的人际关系或对爱情的渴求。形体反应水准不佳。然而并未出现负面的不良反应。第二反应是中国古代神话中，“深山”“幽灵”“神仙”“镇护宝物”的连续反应，民族传统文化的影响在无意识中显露无遗。被测者在感受到情绪刺激的同时，也许还有若干奇异的神秘感觉。

图版Ⅲ，与前一张图版相比，初始反应时间较快，并属于普通反应。被测者说是两人在做饭，还有红色火焰。“火”的再次出现，说明被测者对温暖的人际关系和对爱情的渴求，她向往着火焰，并将自己的情感付诸火焰之中共同燃烧。第二反应是“青蛙”或是“熊”。这不明确的反应说明被测者缺乏自信，或情绪与感觉不安定。

图版Ⅳ，这是有关权威、男性、父亲的印象测试。笔者对她的反应很重视。被测者因情绪产生若干动摇，初始反应时间为40秒，对她而言，有着“妖怪的脸，人的身体”的权威既有恐怖力量，又是“侠义助人”的。因此，对这样的权威，她既有着依存欲求，又有不安和受胁迫的感觉。第二反应为“汉白玉”和古代的“鼎”。光滑洁白的玉石、雄浑有力的鼎的形象在古代的中国是男性的性力量的象征。在这些测试反应中，她抱有对男性的性关心的同时又存在着困惑不安。

图版Ⅴ，这是一个最易作出平凡反应的图版。一般不会使被测者的情绪产生动摇。然而她的反应是“蜘蛛精”，给人的印象稍具危险感。她还强调了自己感觉的正确性，强调“应该不是人，是妖精”，同时她还对检测者表现出强制的以及得不到保证会产生不安的要求态度。

图版Ⅵ，这一般称为性意识测试图版。可根据被测者对图版区域的处理，来理解她与异性或同性的人际关系。第一反应是“动物的解剖图”，出现了反应的不安，然后她又将这一印象限定为“被解剖的猪肉”，对不安的处理转移到“肉”或“食欲”的方面。如果被测者的基本爱情欲求未得到满足，那么这种转移可能是对性反应的故意回避。第二反应是“风景画”。从解剖图至“上面是山，下面是湖水”的风景画的转变，表现了她潜意识对某种感情的需求。第三反应为“箭”和“草靶”，这两种物体在中国文化中具有性的攻击含义。然而这些反应都不属于异常的病理反应。

图版Ⅶ，这被称为对母亲印象测试的图版。图版带有柔和的阴影。检测者非常关注被测者的母女关系在这一测试中的反应。第一反应为两个少女。被测者在这里恢复了通常的反应模式，然而在质疑阶段中她却拒绝具体说明两个少女的状况，这可推测她在幼年时代的母女关系中存在问题。第二反应转而利用中间的空白部分，反应为“水”和“水坝”。这种反应很少见，反应区域避开部分领域反应。被测者强迫性的整体反应倾向，与其说是对目标的完成无休止的追求欲望，还不如说是对孤独、不安等感觉的回避。

图版Ⅷ，她对第一张全彩色图版表现出了困惑。在作出“这令人无法理解”的评价后，又作出了“熊”的反应。这里，“熊”的意义不是很明确。第二反应利用了图版的色彩，再次出现了解剖反应。这表现了被测者内心的不完整感、无力感。

图版Ⅸ，初始反应时间相当晚，为1分05秒。被测者也许在这里产生了强烈的情绪动摇。第一反应为“烤白薯”，这是一种温暖美味的食物，可能代表着被测者对温暖的爱情和对精神支柱的追寻。对D5的这个形体反应并不能说反应不良，而是被测者想逃脱色彩压迫感而产生的反应，表示被测者希望在人际关系中寻求满足爱情的欲求。第二反应为"狗或猫一类的动物“。与第一反应相联系，我们可以看出被测者通过猫狗等宠物的形象，来表达对爱情的渴望或依存的欲求，她也可能期待着情感的援助与支持。

图版Ⅹ，第一反应为“一群蝈蝈虫”，它们存在于彩色的世界中。自己仿佛是可爱的小鸟，要逃离这个虫的世界，跨越这个色彩的世界，却不知该往何方去。方向不明而导致了无力感和孤独感的产生。第二反应为“中国古代的灯笼，里面有火”，这表现出一种明朗的心情与温柔的感情，此反应形体不佳，但却不是异常反应。她也许感到了情绪和生活对她的压迫，然而她并未被这种状况所压倒，而继续追寻着温暖的爱情。因此，对被测者进行人际关系方面的心理咨询是当务之急。

通过罗夏测试法心理诊断和咨询，对Q的适应问题作出的解释如下：

被测者当前的重要课题是在异文化环境中如何确定个人的自主性与适应性。检测报告中未出现重大的异常反应，这点说明她的适应力尽管较弱，但却有着一定程度的生活调控能力。另外，被测者具有在精神与肉体，男性与女性，孤独感与自立性之间的矛盾性，这些矛盾耗费了她大半的精神力量。因此，她在现实生活中，特别是在人际关系中缺乏一种温暖的感情支持，并表现出一种潜在的冲动性。

被测者对罗夏测试图版缺乏阴影反应，这说明她的爱情欲求受到压抑，或者是因为爱情欲求尚未十分成熟。在她的内心中爱情欲求、依存欲求与适应能力之间产生了分歧，并造成了对现实的思考能力低下。图版测试的总体反应是中国、日本两种文化在她脑中浮现出的交杂印象。她目前的心理问题在于,应区分这两种文化价值观,还是应统合它们。另外,为恢复自我适应能力,她究竟应该如何正确地使用内心中那种能量,这也是个重要的问题。作为咨询师和施测者,祝愿她能尽早找到关系良好的友人或恋人,进入安定的留学生活。

三、综合解析与构造一览表制作

在对罗夏测验的结果作综合解析之前,先要把已经整理完成的统计数据进行比较和分析,并运用计算公式得出新的数据比率,然后才能进行评估要点的归纳工作(详见图 6-3)。

(1) W:M

看智力、精神机能的高低。2:1 较为适当。如大于 2:1,表明被测者异常地想要显露自己尚不具备的能力,自我要求高,压力大;大于 3:1,可考虑为消极的标志。就已有的亚洲人积累的数据而言,由于普遍存在整体把握事物的倾向,因此比率有可能偏高。

(2) A%:H%

以 3:4 为适当,A 占为 30%,H 占 40%较好。A%高,表明被测者看事物固定化,千篇一律,陈腐、思维不灵活多变。

如被测者受过良好教育,但 A%大于 50%,有两种可能:(1) 智力低下;(2) 对外界关心较弱,故反应内容狭窄。H%看人际关系以及对人的感受性。

(3) F+%:F-%

F+%体现对客观事物反映的好坏,看一个人的客观性。F+%高,说明对墨迹的形态非常感兴趣,情绪较客观,具自我调控能力;F+%大于 80%,表明过分强调客观,以至压抑个性、压抑自我。

F-%体现个人的主观感受。F-%高,表明对图版形态不感兴趣。智力的收缩性、个人主观性强。

(4) M:ΣC

看性格的内向性和外向性,是罗夏测验非常重要的一个指标。如 M 大于 ΣC,表明较注重内心生活;如 M 小于 ΣC,则较注重环境生活。

(5) M：FM

若 M 大于 FM，说明计划、志向具有长期性，愿意忍受目前的不满足，而寄希望于未来；若 M 小于 FM，则说明冲动性强，追求目前的享受。

(6) (H+A)：(Hd+Ad)

看批判力和观察判断力。如(H+A)大于(Hd+Ad)，表明较注重整体；反之，则较注重细节。

(7) (FM+m)：(T+ C')

(FM+m)大于(T+ C')，说明性格活泼好动、较为外向；反之，则表明文静内向、同时观察力较强。

(8) M：(FM+m)

看精神的紧张性，如大于5∶2，则精神的紧张性较高；小于5∶2，则精神的紧张性较低。

(9) R(Ⅷ + Ⅸ+ Ⅹ)%，后三张图版反应数占总反应数的百分比。

看色彩的刺激性，亚洲人平均在40%左右，大于40%，说明对色彩刺激的反应过强；小于30%，说明对色彩刺激的反应过弱或自我压抑过强。

(10) R(Ⅷ+ Ⅸ+ Ⅹ)/R(Ⅰ ~ Ⅶ)，后三张图版反应数与前七张图版反应数的比。

看感情色彩，黑白反应多，表明感情沉静，自我控制强。色彩反应多，说明感情丰富、易受刺激，或者为人热情、感受性丰富，自我调控能力弱。

上述的统计数据的分析和比较等计算全部完成之后，就可以制作被测者独有的“测验构造一览表”，即把各类反应的数据，经过统计换算后，填入到“数据表”中，使之简明扼要，一目了然，也是为了今后的进一步研究进行资料的积累。我们还是以前述三名留学生的罗夏测验案例报告中的数据统计为例，制作“构造一览表”进行示范(见表6－1)。

数据统计分析，比较以及“构造一览表”完成后，就可以尝试进行要点归纳和综合的评估与解析，对有特殊需求的被测者还需要做出适当的心理指导或心理咨询的建议等。如果是相关心理机构委托的人格测验项目，对这一项目的实施或结果也要提出相应的心理学对策或建议。我们仍然以前述三名留学生的罗夏测验案例报告为例，进行综合的解析和提出建议。

统计数据分析、评估要点

诸因素的比较

W : M________　　(H+A) : (Hd+Ad)________

A% : H%________　　(FM+m) : (T+C')________

F+% : F−%________　　M : (FM+m)________

M : ∑C________　　R(Ⅷ + Ⅸ + Ⅹ)% = ________

M : FM________　　R(Ⅷ + Ⅸ + Ⅹ)/R(Ⅰ~Ⅶ) = ________

要点归纳

智能、思考、兴趣________

情绪的表现与控制________

性格类型________

内的控制力(精神)________

外的控制力(行为)________

现实把握能力________

自我存在感________

综合的人格评估与解析

施测者:

图 6 − 3　统计数据的分析、比较与综合评估表

表 6-1 罗夏测验结果的“构造一览表”(以三名留学生为例)

项目 \ 姓名	S	Y	Q	平均值
年龄	30	29	27	28.6
性别	女	男	女	
反应总数(R)	12	31	21	21.3
拒绝反应(Rej)	1	0	0	0.3
初始反应时间：T/ach(黑白反应时间)	13.8″	10.6″	17″	13.8″
T/c(彩色反应时间)	10″	11.2″	30″	17″
平均初始反应时间	11.9″	10.9″	24″	15.6″
反应领域：W(整体)	8	17	17	14
D(部分)	2	10	4	5.3
Dd(异常部分)	1	2	0	1
S(空隙部分)	1	0	0	0.3
Org%(旋转度)	36.4	24	50	36.8
决定要素：F(形体反应)	3	10	9	7.3
M(运动反应)	4	13	8	8.3
S(阴影反应)	1	6	2	3
A(黑白反应)	1	3	2	2
C(色彩反应)	2	10	6	6
反应内容：A,A/(动物范畴)	5	10	7	7.3
H,H/(人类反应)	3	5	4	4
其他	7	17	18	14
形态：F%	27.2	35	41	34.9
F+%(形态反应正常或良好)	90.9	96	78	88.3

续 表

项目 \ 姓名	S	Y	Q	平均值
感情范畴：Tot. Aff%(感情综合指标)	85.7	76	91	84.2
H(敌意的)	1	1	1	1
A(不安的)	4	6	3	4.3
B(身体的)	2	2	2	2
D(依存的)	2	4	7	4.3
P(愉快的)	2	8	7	5.6
M(其他的)	1	1	0	0.7
N%(中性的)	14.3	24	9	15.8

“综合的解析和建议”：

上面是三名留学生心理诊断(罗夏墨迹图版测验法)的内容。内容涉及他们的在日生活、欲求、感情、希望、联想、潜意识等各方面。他们的中国文化情结、生活习惯和异文化环境(在日本所处的状况)对上述的心理测验与咨询产生了重要的影响。

在罗夏测验及咨询中，留学生的心理状况是否能得到反映，与他们的精神状况、意识或无意识的矛盾、欲求及其愿望相关，并为他们的语言能力、智力水准、适应水准、身心及情绪状态等个人气质、人格因素所左右。他们所接受的文化价值观和学习方法也对测验与咨询产生了潜在的影响。

我们在罗夏墨迹图版测验中采用了一张张图版的序列分析或内容分析的手法。对三名留学生的测试结果进行了分析和探讨。

对罗夏墨迹的反应总数的平均值为 21.3。在普通成人的测试中，平均反应值在 20—45 之间。对从事研究学习活动的留学生而言，这一反应总数显得稍稍偏低。其原因也许是多数留学生被测者，对心理检测抱有防卫、戒备的态度。拒绝反应的平均值为 0.3，可见在心理测试中留学生也还是产生了不安、防卫、动摇、抵抗的情绪。

表6－1是三名留学生被测者反应形式的各类数值一览表，供参考。

初始反应时间的平均值（计算方法是各图版初始时间总和除以反应总数）与一般成人相比，不算太高也不算太低。笔者原本预计留学生对有色彩的图版的初始反应速度大大低于黑白图版的反应速度，但是比较结果却并未发现太大的差距。

三名留学生被测者对图版的总体把握倾向较强，这是自我文化知识背景形成的影响。整体反应（W）倾向较强的被测者，反应总数减少。这与留学生的日本生活及适应过程的状况有关。留学生对形体的整体反应较强。这是他们在留学生活和研究活动中接受理论性、抽象性、综合性的知识能力训练的结果，同时也反映了留学目标、欲求、能力或生活环境向他们施加的综合性的心理压力的一种结果。

阴影反应的数值在三名留学生之间个人差异较大，平均值为3（见表6－1），远低于运动反应数值。这也许是留学生的感情欲求受压抑的结果，或者是严酷的异文化生活环境的影响所造成的。今后还需对此问题进行充分探讨，特别是在女性S的事例中，我们发现她的感情欲求有稍稍减退的迹象。其次，解剖反应，中国传统文化的反应，食物（口唇）反应很显著。在中国人的印象中，食物的享受是理所当然的，他们从口唇享受中获得情绪上的满足感，而且表达这种满足感的印象在中国文化中是得到认可的。

Tot. Aff%是各种感情分析的依据。在这里，留学生被测者的Tot. Aff%的反应为84.2，这一数值相当高。其中，敌意的感情数值较低，而不安和依存的感情数值较高。这是因为留学生受外界（异文化环境）的刺激及情绪变动的感受性较敏锐，较易出现复杂的情感反应，但与此同时，他们也极易产生不安的情绪，而且一旦失去了依存感和安定感，将容易出现精神恐慌感。

综上所述，我们将留学生心理测验和咨询的重要性再次整理建议如下：

（1）实施对留学生的心理测验和咨询，是对他们进行心理援助活动的一项重要工作；

（2）对留学生心理测验和诊断，有助于及早发现并解决他们的不适应状态和心理障碍等问题；

（3）通过罗夏测验等临床心理诊断、咨询技术，可理解具有不同文化背景和价值观的留学生的内在心理问题及障碍产生的机制；

（4）留学生有着许多潜在的未表面化的深层心理适应问题，我们可通过心理测验或评估对他们进行预防性的心理援助，尽早开展心理健康的教育活动，以保护他们的精神健康。

四、三种不同的评估和解析技术

1. 以数据统计为中心的认知功能分析

这种评估技术与罗夏测验中被测者所表现各种反应因素之间的关联，数值的比率、数据的分类、特点等进行解析，这是罗夏墨迹测验体系长期以来影响力最大的一种解析方式。解析过程中要注意以下几点：

（1）各反应数据值（见罗夏墨迹测验评估表中的各种数据记号），要分别统计其平均值，包括平均值以上以及以下的数值；

（2）对图版的各个反应领域，例如整体和部分等，要从被测者的认知特点入手解析。

（3）对反应决定的各因素的判定，要结合被测者的性格、情绪、行为等心理特征进行解释，也要注意其生活和环境等因素对被测者的影响作用。

（4）从数据统计出发运用精神动力学的人格发展理论，来解析被测者的认知功能状况。

（5）评估和解析完成后，在作出综合报告前，要再次考察被测者的文化和家庭背景，特别是生活经历、事件等信息，这对于今后的心理教育或咨询指导工作会非常有参考价值。

利用数据统计来对被测者的认知功能状况进行评估主要集中在以下几个方面：

（1）被测者的认知功能优劣，对事物的鉴赏和批判能力、智能、思考和兴趣的方向，判断推理等逻辑能力的强弱等；

（2）情绪的表现和控制能力，即在罗夏测验过程中，情绪是收缩的还是体验的，是冲动的还是压抑的，能否适当控制等。

（3）考察是否具有现实认知把握能力，自我的存在感如何等；

（4）考察被测者是内心生活控制力强还是外在的行为控制力强的人，了解其精神生活方式；

(5) 推测、评估被测者的性格类型。

2. 图版序列分析的技术

即从图版Ⅰ到图版Ⅹ按每张图版的序号和反映内容先后顺序进行解析，对于初学者来说是最容易掌握的入门技术，它具有系统性和组织化等认知上的便利。但尽管这种解析技术时间短，效率高，如果施测者对各张图版的投射刺激特征掌握不好，对被测者的生活经历和信息缺乏了解，解析结果也会流于表面，泛泛而论。因此，初学者必须多参加罗夏测验的案例研究和督导工作坊，在报告案例时，以“大胆假设，谦虚解析”的态度和原则来学习提高。

(1) 图版Ⅰ。作为最初刺激的图版相对来说被测者的投射反应比较容易，反应时间较快，整体反应如“蝙蝠”“蝴蝶”等 P 反应较多，情感范畴多为中性的。一般很少会出现拒绝反应 Rej(图版Ⅵ最易出现 Rej，图版Ⅸ、Ⅶ出现 Rej 居次)，否则要作异常解析。

(2) 图版Ⅱ。这张图版中红的色彩第一次出现，被称为反应困难的图版，因此大多数被测者形态水准 F+%数值会低，敌意的、攻击的情感会出现。黑红色交杂在一起的领域部分会出现血液、火、性等反映内容(例如“女性的生殖器官”，“火山喷发”等)。黑色的领域反应为动物内容较多。

(3) 图版Ⅲ。第二次出现黑红色在一起的图版，但黑与红的色彩领域是分离的，整体反应较困难，但反应时间比图版Ⅱ要快。这张图版的被测者的反应内容和情感范畴的表现，是最值得关注和分析的。

(4) 图版Ⅳ。是所有图版中压迫性、权威性或威胁性印象最大的一张。浓淡的墨迹图经常会让被测者反应为“怪物”“解剖图”“内脏器官”等与被害感觉相连的内容。

(5) 图版Ⅴ。此图版大多数被测者反应时间快，情感中性，被称为整体反应 W 图版。反应内容少，而且都是平凡反应，如“黑色的蝴蝶”“蝙蝠”等，如果被测者有“人类反应”或独创反应的内容，需要仔细解析。

(6) 图版Ⅵ。图版上的墨迹浓淡不一，被测者的反应时间迟缓，拒绝反应 Rej 的场合较多，都是作为“性的联想”图版来使用，对女性的和男性的生殖器官都会有所反应，要仔细辨认，不然的话就会出现“乐器”“皮毛”“加工品”等内容；部分有心理创伤的被测者会出现“被害妄想”反应。情感范畴多样化。如果出现拒绝反应，要考虑当事人因为“性的联想”问题，启动防御机制而加以拒绝的情况。

（7）图版Ⅶ。这是在许多罗夏测验研究者和施测者之间被认为是一张女性化或母亲形象的图版。其墨迹线条和轮廓柔和，图形领域对称，中间有较大的空白领域，许多被测者的内容反应都与“女性化”形态相关，如“两个做游戏的女孩”“玩耍的兔子”“女神的雕像”等，也有作女性的“性器官”反应的，中间的空白部分有作“女性的子宫”等反应内容，情感范畴以愉悦的或中性的情感为主，如出现敌意、焦虑、攻击的情感，或者拒绝反应等，反而是关注，分析的焦点。

（8）图版Ⅷ。测验中第一次出现的全彩色图版，反应时间快速，很少有拒绝反应，反应领域大多为 D 或者 d，反应内容以四脚的动物为主。解析时，要关注被测者的情感表现，以及对色彩投射刺激是如何应对的，以考察当事人的现实生活中情绪和行为的适应性，或者是压抑型的还是冲动型的。

（9）图版Ⅸ。色彩与形态紧密关联，不少神经症患者会出现拒绝反应或反应时间迟缓的现象，并且形态水准 F+%数值低。反应内容以自然界的生物为主，也是较容易出现独创反应的一张图版。

（10）图版Ⅹ。色彩丰富多样，各领域形态分离，整个图版形成扩散、放射状，整体反应 W 较困难，反应内容以“花”“海底生物”“绘画”等为主，反应数量增加，这是最后一张图版测试，被称为“最后的终结反应”，即理解最后一张图版最后一个反应是怎样的，它能提供丰富的信息，帮助我们做出有意义的评估和解析。

序列分析的实施技术，是先把每一张图版的反应开始和结束时间、反应的每一个内容等仔细记录下来，标上反应决定因素和形态质量等，然后对每张图版进行心理解析。

3. 对反应内容分析的技术

又称“质的分析”，即量的数据统计分析和图版的序列分析为辅，对整个测验过程中，施测者感到印象深刻的反应内容，存在问题或障碍的反应内容，或象征含义很暧昧而又关系重大的反应内容进行针对性的解析。

这种解析技术目标明确，能够深入地运用各种心理学理论知识，确定问题的所在，对临床精神诊断和精神分析技术都有辅助作用。

例如内容分析中的一个技术是在 10 张图版结束后，请被测者从图版中挑选一张最能代表“自我”形象的图版，一张代表“父亲”形象的图版，一张代表“母亲”形象图版。根据这三张图版的象征含义，以及这几张图版中所反应的内容进行心理解析，了解被测者的原生家庭状况和亲子关系，并从精神分析学角度来分析当事人的家庭动力关系和构造等。

对反应内容的分析，需紧扣以下三方面的主题来进行：

一是被测者所反应的内容中，体现了怎样的认知构造和认知发展水准？其现实把握能力和智力、注意力、兴趣点又是怎样的？

二是被测者的情感和情绪的表现方式，有无焦虑和障碍？情绪活动是压抑的，还是冲动的？其处理和应对方式又是如何的？

三是从所反应的内容来看被测者人际关系问题。其中 H 和 M 反应是人际关系活动质量的重要指标；然后从被测者的人际关系问题再来解析其人格特征或构造。

本书所推荐的评估和解析技术，是以上三种技术的综合运用，即以数据统计分析为基础，以图版序列分析为线索，以反应内容分析为核心的整合解析技术。初学入门者对这三种评估和解析技术都要加以学习，并在今后的临床案例实践中熟练地加以运用。

第七章　心理和精神医学的临床评估

一、异常心理学视角的评估

前面第五章“情感范畴的评估”中，已论述罗夏墨迹测验在国外的精神科医院中，被作为精神类疾病区分诊断的主要工具，专业的精神科医生除了具备精神医学的知识之外，还具有一定的心理学专业知识和研究能力。异常心理学和临床心理学是帮助我们了解被测者在罗夏墨迹测验中的“特殊反应”的入口。

从异常心理学角度看，被测者的“特殊反应”主要表现在以下几个方面，即“异常的语言描述”、“不合适的图形组合”和“异常的推理”等三个方面，因此也可以称为“异常反应”。这实质上是辨认力、认知力的异常，对于被测者的临床精神病理的进一步确切诊断提供了重要依据。在评估时，要同时考察被测者的年龄发展水平、教育程度、文化背景等罗夏测验以外的因素，并对其社会生活环境和性格特征作综合的分析与评估。

1. 异常的语言描述（Deviant Verbalization，简称 DV）

即罗夏测验中对图版的投射内容进行扭曲的、怪异的、异常的语言描述，又分为两类。

（1）词汇生造（Neologism）

即对于反应对象，不使用正常的语言而用扭曲的，错误的词汇等进行怪异的描述。例如对图版Ⅶ反应“这是兔子先生，有两个，耳朵很大，像两个人的屁股顶着”“这是北极贝的头，被从贝壳里剥出，我想是自己肚子饿了吧”“一个火辣辣的人体在流血，他的手、脸、身体和心脏破裂，周围涂满了血的色彩”等。这种反应具有现实认知受损的特征，或者表明被测者内心可能有严重的创伤感。

（2）反复（Redundancy）

即对一个反应内容，使用重复累赘的语言来加以说明。例如“这是尸体，已经死掉的尸体”。对图版Ⅶ空白部分，说明“一片空白，什么也没有，空白中的真空”。这说明被测者如果不是观念贫乏，就是认知混乱后出现的异常反应。

2. 异常反应（Deviant Response，简称：DR）

即不仅语言描述异常，所投射的反应内容也不正常，分为以下三类：

（1）不合适的描述（Inappropriate Phrases）

例如前述的反应“北极贝的头”，突然跳出一句“我想是自己肚子饿了吧”，这样的描述表达很异常。正常人应该是这样的说明：“这是北极贝的头，我喜欢的食物，想起它，也许正好是我自己现在肚子饿了吧。”再如对图版Ⅳ的部分领域，反应为“这是蛇，我的表姐看见蛇吐舌泡，就会晕倒，我的家族中所有亲戚都怕蛇”。对图版的投射反应，除了当事人的感受和认知外，“表姐”和“家族”等毫无关系的都添加进来加以说明，这就是不合适的描述，作 DR 反应。

（2）按情况推测的反应（Circumstantial Response）

即自我控制减弱，根据情绪的变化或冲动来进行的投射反应，变化性很大。例如，对图版Ⅵ，自由反应阶段是投射为“生日蛋糕”，质疑阶段施测者询问“从哪儿看出是生日蛋糕，为什么是生日蛋糕而不是其他呢?”回答“是五星级豪华宾馆制作的生日蛋糕，已接近我结婚六周年纪念日，我和妻子订制这样豪华的蛋糕，真有些奢侈。”最初反应是“生日蛋糕”，然后是“五星级豪华宾馆制作的”来说明，又联想到自己“结婚六周年纪念日”，担心这又有些“奢侈”等。离开图版反应的内容，只是在描述自己图版之外的其他感受、联想或情绪活动，这类反应就是 DR。

（3）过度的修饰（Over Elaboration）

即离开图版反应的内容，对某一个事物借题发挥，大发议论，实质上是个体自身对失去控制力的担忧或焦虑。例如对罗夏测验中某张图版反应为，“这是浮在水里的油，也是垃圾。就是垃圾吧，缺德的人做的，太肮脏了。有些人做法就是肮脏，像杀人犯，必须对这种投放垃圾的人设置法律禁令”。这种异常反应，从水里的油→垃圾→缺德的人→杀人犯→法律禁令等进行联想，是属于较严重的 DR 反应。

3. 不合适的图形组合（Inappropriate Combinations）

其中也可以分为两种反应类型：

（1）不协调的组合（Incongruous Combinations）

即对反应对象或内容赋以客观现实中不存在的特征或属性加以说明，例如“这是血红色的棕熊”，客观现实中不存在“血红色”的棕熊。“这是一条鱼在站立行走”，在现实中鱼的活动属性不会“站立行走”的。再如反应“这是个长着鸡头的女性”等，这时要检查被测者的感知觉是否有混乱，或认知出现障碍。

（2）虚构的组合（Fabulized Combination）

即对于图版的不同领域进行投射反应时，把两个以上的对象组合成一个反应内容，而这两个对象被毫无现实根据与理由地硬组合在一起，形成一种虚构的关系。例如对图版Ⅶ，投射为“两个勇敢的女孩子赤手空拳要进攻潜水艇”，两个女孩子再勇敢，要攻击潜水艇也是无法想象的事，在现实中或者即使在天方夜谭的故事中也不会存在，这是非常夸张的异常虚构。再如对图版Ⅱ反应为“是两个人，左边的人怀孕了，上面的红色部分是胎儿”。质疑阶段时施测者询问：“图版的图形是对称的，为什么左边的人怀孕了，而不是右边的人呢？”回答：“右边的人生病了，上边的红色部分是他的肝脏，肝脏有红肿，所以不能怀孕。”这种虚构的组合，背后可能隐藏着严重的精神病理。

4. 异常的推理（Inappropriate Logic）

即用明显是违反逻辑的错误推断，来对反应内容进行说明，而且态度非常独断、自信。例如对图版Ⅳ的反应“这图版上面是北极，毫无疑问，图版下面是南极部分，因此是世界地图”。再如同样对图版Ⅳ反应为“这是个坏人！”质疑阶段被测者解释说：“没有错哦，他戴着黑帽子呢，戴黑帽子的一般都是坏人！”现实中戴黑帽子的人不一定是坏人，黑帽子与坏人之间没有必然的逻辑联系，信念错误的背后是心理的异常。

5. 反应内容的异常

（1）过于抽象（Abstract）

即没有具体的形象或象征物，仅是用抽象的概念来反应。例如，“这是描绘和平景象的抽象画”“这是地狱抽象画”。再如对图版Ⅸ反应为“烦恼”“幸福的喜悦”，而质疑阶段也没有具体的说明，要深入考察被测者的内心防御机制。

（2）攻击性的运动（Aggressive Movement）

即在罗夏测验中，被测者所有反应内容的决定因素评定中，如有运动反应因素，几乎都有“攻击性”，而如果没有运动反应，其攻击性反应也不会出现。这类被测者经常所用的词汇是“战斗、破坏、争论、愤怒、爆炸”等。例如“这是张男人的脸，正在发怒”“两头发怒的黑熊，在撕咬着”“一艘被击中的船，在起火、爆炸”“子弹在飞，穿过黑色的物体”“昆虫被压扁了”“蝙蝠被棍棒击中”等，判定分析时要注意被测者是否有情绪障碍问题。

(3) 异常的色彩投射(Special Color Projection)

即被测者对没有彩色的黑白图版进行色彩投射反应。例如对图版Ⅴ反应“这是紫色的漂亮的蝴蝶”，把图版中黑色部分投射反应为紫色。再如对图版Ⅶ的中间部分投射为“黄色的鲜红旗帜”，如果被测者没有色盲的话，那就是病态的防御机制导致的情感障碍，对图版特定色彩或黑白浓淡特征存在着强烈的不快情绪。

(4) 内容损伤(Morbid Content)

即在罗夏测验中，被测者所反应的内容，都带有“死亡、毁灭、灾难、创伤、废弃、损坏”等特征和悲观因素在内的，统称为“反应内容损伤”。大致可分三种情况：一是对象或事物的内外境界都已破损，例如“动物被碾压，内脏已流出”“被砍头的尸体，悬挂在树上”等；二是不仅内外境界都已破损，而且对象的形体和轮廓也变形或扭曲，例如对图版Ⅷ，反应为“苹果被切成两半，中间的苹果芯有虫蛀痕迹”等；三是灾难和疾病的描述或预告，且形体反应不良，如“这是一张癌症的细胞变异图”“暗黑森林里用枯树制成的绞刑架”等。出现这类反应要考察被测者是否有过精神创伤或严重的PTSD症状史。

(5) 偏执性(Perseveration)

即对图版的投射反应，单调乏味，内容雷同，缺乏变化和想象力。可分三种情况：一是对“图版感知的固执”，即不转动图版，始终从某一角度看图版，对于反应内容说明，从自由反应阶段到质疑阶段，语言、视角和说明都没有变化，单调乏味；二是对“反应内容的偏执”，例如对第一张图版Ⅰ，反应为“蝙蝠”或“昆虫”，后面几张图版连续都是“蝙蝠”和“昆虫”的反应；三是“机械的偏执”，即对同一张图版，同一个反应内容，反复机械地述说。对于这类被测者要检查其是否有认知障碍或脑神经系统器质类型的损伤，许多自闭症患者也经常会出现此类偏执反应。

二、精神医学的临床诊断

在国外的精神科医院和心理咨询机构中,掌握罗夏墨迹测验的技术,是专业人员从事相关职业的资格认证条件之一。可以说该测验技术和运用方式,把精神科医生和临床心理咨询师紧密联系在一起,即从异常心理学和神经科学的基础理论,人格的构造理论,到精神医学的诊断分类标准等,形成各种紧密合作的研究成果。例如以下表 7.1 的罗夏测验部分数据的统计常模,就是心理咨询专业人员与精神医学研究者的一个范例。

表 7.1　临床心理与精神医学的罗夏测验五类统计数据指标

	正常成人	犯罪者	神经症患者	精神分裂症患者
R	20.5—40	9—42	12—43	14.2—40.8
Int.(秒)	7.5—28	2.5—46.5	4.5—44	1.7—31.7
W%	23%	28%	25%	28.3%
Dd%	6%—30.5%	13%—40%	22.5%—42.5%	30%—48.3%
Rej	≦1	2.5	3.5	1.7

以下是日本的临床心理学家和精神医学研究者对精神分裂症、躁狂症、抑郁症和自杀倾向等患者群体所实施的罗夏墨迹测验结果,所得出统计数据后进行归类分析指标,可供我们国内的心理测验专业人士和研究者参考。

1. 精神分裂症患者对图版的反应特征:

(1) 反应数 R 很少。这是精神分裂症患者精神活动能量低下、智力活动速度和生产能量急剧衰减的结果。但在精神分裂症发作初期,当对现实的感受力非常弱或扭曲时,冲动不可抑制时,反应数反而会骤增。

(2) 有拒绝反应 Rej。如果是一位神经症患者,出于对现实的人际关系的考虑,一般对咨询师出示的图版都会尽量予以反应。精神分裂症患者人际关系极不正常或扭曲,对图版Ⅴ、图版Ⅹ、图版Ⅰ容易拒绝反应,又称定型分裂症。可以进一步分析,罗夏图版Ⅴ统合力强,精神分裂症患者则统合力差,图版Ⅹ色彩丰富、内容分散,精神分裂症患者则注意力有缺陷,且拒绝情感反应。

(3) 反应内容范围 R 狭窄。这是精神分裂症患者的生活空间与兴趣减少，对外界的求知意欲减少，只对特定的事物感兴趣。

(4) 整体 W 反应形态不良。同时在反应时会自言自语。

(5) 异常反应 Dd 数增加。

(6) 运动反应 M 很少。

(7) 特异人类的运动增加。

(8) 人类反应百分比较小，而且形态水准 F 不良。

(9) 纯粹色彩反应 C 有可能增加。这是因为精神分裂症患者的情绪不安定、冲动，与正常人不同，他们的色彩反应往往内容奇妙。

(10) 出现特异的内容，性反应无控制地出现，这些特异的内容有时用特异的语言表现，出现常识用语的逸脱感。如“有女性生殖器的男人”等。

(11) 反应内容具有单向性和自闭性。反应内容僵化、刻板、反复、固执。思考的灵活性差，很难改变方向。在单一方向性的同时，反应的方式又相当混乱，常出现以下模式：认知—漠然否认—拒绝(质疑阶段)—头脑混乱。

(12) 平凡反应 P 减少，形态不良的独特反应(O-)增加。这表明精神分裂症患者不能同正常人一样地正常思考，而代之以疯狂的、奇妙的思考。

在具体测验中，精神分裂症患者的自我身心功能受到损伤。如作进一步分析，这种自我身心功能受到损伤，表现在精神崩溃和人格损伤两方面，这两方面导致了对社会生活的不适应，具体表现为行为异常和行为障碍，体现在症状爆发的精神分裂症患者身上，就会发生一些让正常人感到荒诞奇妙、不可思议的行为。

从以下几方面可以判断这类患者自我身心功能是否受到损失：

(1) 思考过程的特点。首先，认知聚焦失败，或认知虽能聚焦，但维持相当困难；其次，概念形成有困难。

(2) 对现实的感知能力低下。对现实不能正确认知。在精神分析中，自我的人格境界与现实环境相混淆，或自我人格境界混乱。

(3) 对他人的欲求、态度缺少互动与关心。

(4) 心理防卫机制强，拒绝他人——精神能量僵硬化。病理初期阶段性反应多，攻击反应增多(防卫机制扭曲)。

(5) 自律功能较差——反应内容的前后矛盾较大。这与其认知聚焦、感觉统合有关。

2. 躁狂症患者对图版的反应特征

躁狂症是一种情感障碍。它的临床特点是：患者情绪高涨、兴奋，行为冲动，难以自控。呈现出精力旺盛，昼夜不停的现象。或者性关系无法自控、滥交。在个别案例研究中发现有些男性患者在发作时，幻想用机枪扫射人群，或用手触摸女性身体。图版反应特点：后三张反应数明显增多，甚至超过前七张图版反应的总数。

躁狂症患者的反应有以下七个特征：

（1）初发反应时间极短，常常是脱口而出。

（2）每张图版的反应数明显增多。

（3）整体反应 W 增多，异常反应 Dd 增多，形体不良反应 F-增多。

（4）易见空白间隙反应。

（5）运动反应、色彩反应增多、浓淡反应明显增多。

（6）反应内容范围较广，但较混杂。

（7）独特反应增多，但往往形态不良。

3. 抑郁症患者对图版的反应特征

抑郁症患者与躁狂症患者相反，抑郁症患者情绪低落、消沉，缺乏生气，多愁善感，怀疑自我价值。他们常无故流泪，有无尽的烦恼，有时甚至还有一种罪责感。他们总是向后，向过去思考。抑郁症患者的反应有以下十个特征：

（1）抑郁症患者由于精神能量低下，初发反应时明显迟缓。反应总数也较少，一般低于 15 个。

（2）对图形的统合困难，且批判性强。故 W%小、D%大（区别于抑郁性神经症，后者 W%大于 D%）。

（3）有固执、强迫倾向。

（4）反应继起特征多为严格型。

（5）在回答时，易回想过去，对现在的事物不作考虑。作反应时，面部表情沮丧、悲观，缺乏想象。

（6）反应内容范围狭窄，动物反应增多，人类反应少，对动物的动作、姿态想象不丰富。

（7）情感体验类型通常属于收缩型。由于心情阴暗，对色彩的关心相当低，而对黑白图版感受强烈。

(8) 很难发挥想象力,有时对同一内容反复进行投射反应。有拒绝反应的图版,充满了批判性、不安感,丧失自信力。所用的词汇感情色彩少,或情绪阴暗、悲伤、不安。

(9) 独创反应少。

(10) 不关心周围环境,对图版带来的色彩冲击和黑白印象冲击不敏感;甚至对图版刺激的新鲜感消失殆尽。常常在测到一半时感到焦躁不安,持续不下去,甚至会中途突然中断测验。

4. 自杀倾向者对测验图版的反应特征

自杀倾向者在自杀前,往往处于抑郁状态,或至少具有抑郁倾向。自杀倾向者通常有以下几项临床表现:

(1) 伴随强烈的抑郁情绪,悲哀、绝望感。在日常生活中表现为丧失生活情趣,言谈中有厌世感。

(2) 有罪恶感和自我惩罚倾向。个别自杀者有自虐倾向。

(3) 头脑中充满混乱的、脱离现实的想象,追求另一个世界,对现实世界不满。

(4) 不安、焦虑、恍惚。

(5) 有将冲动和敌意表现于行为的倾向。

国外有许多研究者对自杀倾向者的罗夏测验反应特征进行了研究。他们各自采用了不同的方法,较著名的有以下一些研究及其结果:

A. 多元分析法

肯德拉(Kendra,1979)率先运用多元分析的统计方法研究自杀倾向者的罗夏测验特征,同时对多个指标进行统计分析。他的研究结果引起了很大争议。纽林格(Neuringer)是肯德拉的赞同者,他在前者的基础上进一步研究,认为自杀倾向者的指标应包括:

(1) 浓淡反应的比率高。

(2) 运动反应和色彩反应少。

(3) 动物反应比率高。

(4) 初发反应时迟缓。

(5) 总反应数 R 少。

B. 单一指标法

另外一些研究者根据一些经验上的单一指标，鉴别自杀者的反应特征：

（1）有学者认为，自杀是向母亲子宫复归的行为，因此，自杀倾向者往往将图版Ⅶ的下端反应为女性的外阴生殖器。在100名因轻生而入院的精神病患者进行测验，发现其中有77名作此反应。

（2）自杀倾向者常把图版Ⅷ反应成为美丽的花朵，花瓣有浓淡阴影反应，并向着墓地摇曳，解说这是葬礼上的花，具有一种悲伤的美感。美国伊利诺斯州对580名因轻生而入院的患者作统计显示，他们对黑白或色彩浓淡的反应相当强。

C. 多个指标法

另有一些研究者通过多个指标的综合，鉴别自杀倾向者，自包括以下指标：

（1）异常反应Dd较多。

（2）运动反应较少。

（3）多色彩形态CF反应。

（4）形态反应形态不良。

（5）多形态不良的独特反应。

（6）图版的整体、协调反应差。

（7）多出现空白间隙反应（三个以上）。

（8）常见身体解剖反应。

（9）平凡反应少，甚至只有一两个平凡反应。

（10）立体浓淡反应显著。

（11）人类反应少，动物反应多。

（12）反应总数少于17个。

D. 反应内容法

还有一些研究者主要根据对图版反应的内容鉴别自杀倾向者。英国的雷丁从1950年至1970年进行研究，结果认为：对图版Ⅳ的反应可以显示自杀倾向。自杀倾向者往往在对图版Ⅳ的反应中出现疾病、破坏、绝望，表现出一种自我破坏的倾向。典型的反应有："这是一颗蛀牙，应该拔掉""这是一株枯木""这是一团黑烟""这是一段发臭的木桩"等。

此外，相对于正常人，自杀倾向者更多地把图版Ⅰ反应成"地图"；把图版Ⅲ反应成"被束缚的、被动的人"；把图版Ⅴ反应成"翅膀被拔掉的动物"；把图版Ⅶ

反应成“地图”“女性性器官”；把图版Ⅸ反应成“人的头颅，内有脑浆”；把图版Ⅹ反应成“血浆、血细胞的扩散”等。

三、潜在临床障碍问题的预测

潜在的临床障碍问题主要是指人格障碍者、犯罪倾向者和酒精中毒患者这三类群体，他们的共同特征是人格构造出现异常，产生情绪和行为问题，特别是会做出反社会的行为，部分群体会出现精神病理症状。通过罗夏墨迹测验，我们可以提前对这些障碍问题作出预测。

1. 妄想型或偏执型人格障碍的图版反应特征

（1）妄想型或偏执型人格障碍者对外界的防御机制和警戒心强烈，因此反应总数 R 减少，又由于猜疑心重，对图版投射会出现拒绝反应 Rej，此外形态反应 F%和 F+%数值增高。

（2）在反应决定因素中，收缩型或运动型较多，浓淡反应很少。

（3）由于猜疑心强，对反应领域中空白反应 s 和异常部分反应 Dd 容易结合，以“眼”或“脸”来作为投射内容，对墨迹的细微部分和空白部分容易过敏，因而 s 和 Dd 的反应值增高。

（4）对图版投射活动时容易启动僵硬的防御机制，并极力压抑自己的情感表现，对色彩反应很警戒，会出现 M 和 FM 等运动反应因素，但大多形态水准不良。

（5）由于对情绪活动的压抑，动物反应 A%数值增高，又由于猜疑心重，Ad 和 Hd 反应内容较为常见，有性关系的妄想。当自我正当化和被害妄想并存时，会有“魔法”、“巨人”和“性的攻击”等反应内容出现。

（6）对罗夏测验有强烈的警戒心，给人表情冷峻的印象，反应时间拉长，反应数减少，有时以沉默回应。

（7）由于对外界的恐惧和防卫机制的僵硬，对待性问题、批评、攻击等指责，以非常敌视的态度来面对。罗夏测验中经常出现的反应有“阴险的眼睛”“血迹”“指纹”“恶魔的脸”“刑警”等内容，同时又因被害妄想，也会出现“陷阱”“蜘蛛网”“毒药”“隐形人”“黑客”“电击”等反应内容。

（8）被害妄想强烈的被测者会出现“墙壁”“面罩”“乌龟壳”“铠甲”“地下防

空洞”“盾牌”等反应内容,来防备外界的攻击伤害。

2. 分裂型人格障碍者的图版反应特征

(1) 最显著的就是人类运动反应 M 增多,而色彩反应几乎没有。异常部分反应 Dd 较少,但妄想性的反应内容却增多,而且描述的语言奇特。

(2) 整体反应 W%数值增高,空白反应 s 容易出现,在质疑阶段,附加反应中 W 和 s 形态也会不停出现。

(3) 反应继起特征是松弛型或混乱型的。

(4) 对色彩反应区分有错误,对客观现实不关注。

(5) 对图版观察位置较固执。

(6) 对自我的身体和性问题有烦恼,而 F+%数值很低。

(7) 三张彩色图版的 $\frac{\text{Ⅷ} + \text{Ⅸ} + \text{Ⅹ}}{\text{R}}$ %的数值低于 30%以下。

(8) 有自闭的思考倾向,平凡反应 P 很少。

(9) 有潜在的精神分裂症倾向者,测验中性反应和血的反应内容很容易出现。

3. 有犯罪倾向者的图版反应特征

(1) 没有智力残缺或弱智障碍,但内省力和判断力缺陷,认知活动和组织能力不足,人类运动因素 M 反应少,反应继起特征是混乱型。

(2) 由于认知活动的不成熟,人类反应 H%低而动物反应 A%高,说明人际关系不良,对他人的同情心和共感性缺乏。

(3) 自我的欲望和情绪很难控制,因此行为冲动,人类运动反应因素 M 的质量和形态不良,部分被测者很难出现色彩反应和浓淡反应。

(4) 敌意、攻击、破坏和损伤的反应内容明显增多。敌意的内容有:“无头之人”“笼子里的老鼠”“两个搏斗的人”“内脏解剖图”等,攻击性的反应主要反应在武器上,如“弓箭”“炮弹”“匕首”“左轮手枪”“爆炸”等。破坏和攻击的反应还表现在肉食动物和战争等内容上,如“恶狼”“眼镜蛇”“非洲狮子”“坦克车”“机枪扫射”“手榴弹爆炸”等。损伤反应,如“出血”“动物的皮毛”“做成标本的蝴蝶”“被砍头的士兵”等。

(5) 偏执性思考显著,社会规范被无视,因此,形态水准 F 的不良反应增多,性和暴力冲动的内容也容易出现,如“强奸”“捆绑的人”“赤身裸体的女人”等。

（6）色彩反应很少，平凡反应 P 数值多的被测者，要注意其顺从的态度也许只是表面的服从。

（7）对图版投射测试抱有强烈的警戒心或敌意，出现对图版的拒绝反应 Rej，并且不愿意表露自己的情感或想法。

（8）情感范畴异常，主要表现在敌意、攻击、焦虑或损伤的情感范畴中。包括“口唇的攻击反应”“蔑视反应”“直接的敌意反应”“间接的敌意反应”“焦虑或不安反应”“缺损反应”“紧张反应”“解剖反应”等（详见本书第五章“情感范畴评估”）。

4. 酒精中毒者的图版反应特征

酒精中毒者一般对自身的症状都会加以否认，对其实施罗夏墨迹测验的目的，是为了检测该症状是否已引发其他精神障碍问题，以及个体的性格，行为是否会发生异常，此外也是让当事人对自我的心理状态有所洞察，防患于未然。

（1）人类运动反应 M 质量不良，动物运动反应很少（少于 3 个），而且人类运动反应以被动或消极活动为主，例如“这人从水中被救起”“体检 X 光片”“关进屋里”“被囚禁的人”等。

（2）最初反应时间迟缓，或者急促匆忙。

（3）反应总数 R 数量少，并且有拒绝反应 Rej。

（4）感情范畴以否定的，幻想的为主，有病态的性反应。

（5）整体反应 W 缺乏，Ad 和 Hd 却增加，图版检测一开始就出现 Dd 异常部分反应。

（6）千篇一律的反应，动物反应 A%数值多，形态水准不良，而且除形态反应 F 以外，缺乏其他反应决定因素。

（7）对图版测验有攻击、非难、拒绝的倾向。

（8）解剖反应增多，主要集中在人、动物的骨骼、内脏和性器官方面。

（9）口唇反应强烈，内容集中在“食物”“消化器官”“餐具”或“料理菜肴”“厨师”与各种“野味”或“佳肴美味”上。

（10）与水相关联的内容反应增多，如“海岸线”“江湖”“岛礁”“水中的鱼类与海藻”；各种“名酒”与“饮料”；自然界中的“瀑布”“霜雪”“池塘”等景色；人体的“汗水”和“尿”等。

（11）动物反应和动物部分反应比率，即 A+Ad %超过 5%的数值。

四、精神分析学与综合罗夏测验体系的运用

1. 精神分析学在罗夏测验中的运用

精神分析学的理论在罗夏测验中的运用，主要体现在序列分析中，即10张图版依次出现时投射反应是如何变化的，被测者的内在心理防卫机制是如何变化的，联想、白日梦等精神动力过程又是怎样的，引起不少研究者的关注。作为精神分析的素材主要有以下几个主题：

(1) 被测者对测验的态度、防御机制的启动，以及其语言表现方式；

(2) 投射刺激对被测者的联想、情绪的影响；

(3) 被测者的反应继起特征与其人际关系处理，自我控制和退行的关系等。

此外，关注自体心理学和聚焦疗法的精神分析学研究者，从自我功能论、健康与退行等理论出发，在罗夏墨迹测验过程中，需要进行的精神分析项目有以下八项：

(1) 被测者受到不同图版刺激后，出现什么样的应对策略和态度(防御机制的种类)?

(2) 在测验过程中，被测者有无出现自我功能受损、退化等现象，产生什么样的内心矛盾或纠葛?

(3) 在被测者对图版反应内容的语言描述中，有什么样的情感或欲求，浮现到表面意识中来?

(4) 这种情感或欲求，当事人自己接受吗，有合理化倾向吗?

(5) 这种情感和欲求是内心矛盾或纠葛的根源或影响因素吗?

(6) 被测者自我感知、察觉到这种矛盾或纠葛了吗?

(7) 这种矛盾或纠葛等问题，当事人自我能解决，修复到什么样的程度?

(8) 被测者最难感知不适应的(图版)有什么样的特征或状况? 而被测者最感到兴奋，或者情绪活跃的图版是哪一张? 为什么?

上述这些项目，在精神分析学理论的观察中，能了解到被测者的自我功能发展水准、防卫机制和适应机制的种类、感情和欲求的变化过程，最终能评估或诊断出被测者是否具有障碍或病态症状，并且有的放矢地作出心理指导或咨询建议。

精神分析学理论在罗夏测验中另一个重要研究，是关于个体的自我防卫机

制种类与活动方式。来源于弗洛伊德的神经症防卫机制的学说，即运用自由联想法对神经症患者的症状背景和人际关系问题进行探究，从中发现神经症的防卫机制有压抑、退化、歪曲、反向形成、否认、转移与投射等十多种类型。这些理论对于罗夏测验的人格评估结果，有很好的分析和参考应用价值。

在神经症者的罗夏测验过程中，防御机制会出现以下三种情况：

一是图版反应的投射内容多为两个人推打，人与人之间的竞争关系，喷火、发射等情绪冲动的活动状况；

二是对有色彩的图版情绪过敏，图版的刺激强烈的状况下，会出现受惊、焦虑、不安等反应，也称"色彩冲击"反应。

三是对于图版的墨迹形态和色彩的刺激，会出现"攻击性冲动"的现象，这是为了压抑内心的不安、不快感，也是为了掩盖内心的矛盾和冲突，因而所启动的否认、抵消、分离等防卫机制的一种努力。

2. 综合的罗夏测验体系的运用

综合的罗夏测验体系最初是在20世纪1970年到1973年之间确立，以后创立者埃克斯纳(Exner J. E.)和他的追随研究者们又不断加以补充和完善，成为目前国际众多罗夏测验体系中最为心理学界认可的一种体系。综合的罗夏测验体系与最初创立的罗夏测验体系的重大区别在于以下几点：

(1) 20世纪20年代到30年代起，最初创立的各种罗夏测验体系偏重于从精神医学或临床医学出发，然后推广运用到一般心理学领域；而综合罗夏测验体系是从一般心理学领域的人格评估或诊断出发，然后深入精神医学和临床心理的领域运用中。

(2) 综合罗夏测验体系更关注个体的八个方面的心理学特征，即感情特征、控制力与抗压耐力、认知媒介、思考、信息处理过程、人际感知与人际关系、自我感知和生活事件压力等，使它更像是一个专业的心理学测验体系，而不是一个临床医学测验系统，仿佛是为心理学研究量身定造的一个"利器"。

(3) 在打造综合的罗夏测验体系的同时，埃克斯纳为了验证他的测验理论的有效性，在他的体系列举了30个具体的测验案例加以解析，这30个案例涉及医疗、学校教育、司法机构、企业和社区等各个领域，使之更有应用的广泛性和普遍性意义。

令人耳目一新，印象最深刻的是综合测验体系中的"生活事件压力"这一项目。埃克斯纳本人认为来心理机构接受心理咨询或罗夏墨迹测验的人中的大多数，都是带有某种生活事件的压力，而且有些人已经长年忍受这种压力，甚至已达顶点，还有些人已经构成危机事件了，亟需给予有效的心理干预。

生活事件的压力，是人们在日常生活中的挫折、失望、表达或决策的失误、矛盾，或内心的冲突所导致的。一般来说，最有自我适应对策的人，如果长期忍受这种生活事件的压力，也会产生无法忍受的心理痛苦，最终造成精神创伤症状。因此，埃克斯纳认为，在实施罗夏墨迹测验之前，一定要仔细倾听被测者的生活经历，特别的生活事件。生活经历模糊，信息不充分的话，罗夏测验结果的解析将是非常困难，评估的结果也是不可靠的。

因此，运用综合罗夏测验体系进行施测时，要注意以下几个事项：

(1) 被测者的生活经历和生活事件的信息是否正确或充分，有没有对当事人的思考、行为和情感产生重大影响？

(2) 生活事件的压力，有没有导致被测者最近一段时间的情绪低落和沮丧，有没有出现内疚、后悔、罪恶感，或冲动性的攻击行为表现？

(3) 这些生活事件的压力，在图版测验的刺激中，有没有增加当事人的心理冲突，而这种冲突会不会导致当事人在日常生活中自我心理功能的障碍？

(4) 对这些生活事件压力的体验，在图版的墨迹浓淡或色彩的刺激下，有没有出现感情或情绪的混乱？

(5) 目前被测者的生活事件压力是否已经超负荷了，如果不进行心理干预，是否会出现内心混乱以及病理症状等？

测验全部完成，经过数据的统计和分析，得出测验的综合结果，然后就是要写"最终所见"(结论)。最终的所见或结论需要施测者具备罗夏测验体系的专业知识、人格心理学知识和精神病理的临床心理学专业知识，这三方面的能力。这样才能写出不是千篇一律、刻板机械的评语，而是极具个性化特征的"最终所见"。

与其他的罗夏测验体系不同，埃克斯纳的综合测验体系在最终的结论中，要求写明被测者有无"自杀的可能性"(Suicide Constellation，简称 S-Con)。

S-Con 是由综合测验体系中 12 个不同数据变量所组成。这个数据的常模开发是从 20 世纪 70 年代开始，对接受过罗夏墨迹测验后，60 天以内自杀已遂的 59 名被测者的测验结果进行数据统计和解析；80 年代又受到罗夏测验研究的国家和民间的资金资助,又追加了101个自杀已遂被测者的测验结果,而做成的常模数据。原本根据59名自杀已遂的被测者开发的常模,应用11个不同数据变量对自杀和自杀未遂者的群体进行测评,正确率为75%。增加了101名被测者的测验数据,数据变量也增加到12项,正确率上升到90%以上。

S-Con的"最终所见"进行写作报告的心理学意义如下:

(1) 对被测者的最近一段时期,可能会有的"自我破坏"的行为,发出一个"危险信号"的警示,提示当事人尽早接受心理干预或援助。

(2) S-Con的常模是根据成人自杀者的数据制成的,但后来的研究和实验发现,对15—17岁的青少年自杀倾向的群体进行测评,同样有效。

(3) 自杀可能性(S-Con)12项数据中,一般要符合8项以上,才能判定为"自杀倾向者"。但是如果数据在7项以下,是不能武断地判定为不具备自杀的可能性的。因为自杀倾向者的群体具有掩盖性和伪装性,这时需要进一步了解当事人生活中有无危机事件或创伤经历。收集信息,验证其他各项数据指标,并且及时给以心理关怀、咨询与辅导,消除隐患。

第八章　案例报告与解析督导

本章介绍四个初学罗夏测验理论与技术的入门者，在心理咨询机构中所做的测验报告。其中前两个案例报告，采用逐张图版分析的详细督导方式，后两个案例报告采用简略的综合性督导的方式，以利咨询师和测验者能从繁到简，由浅入深，获得更好的成长和技术磨炼。有些案例分析并不符合理论规范，但体现了初学者的成长真实历程，具有较好的案例参考价值。

一、寻找爱情的年轻人

当事人背景：

L，男性，27 岁，某公司营销部门主管，本科学历，L 的父母早年缺乏营养，身材都很矮，由于遗传因素的关系，L 的身材也不高(165 cm)，人际交往中经常会流露一些自卑的情结，在恋爱中有多次失败的经验。情感比较压抑。

L 的父母在农村有一套较好的房子和田庄。父母从事鲜花种植行业，收入颇丰，L 是他们的独生子，因而对儿子的婚事很着急，多次催促儿子赶快找到结婚的对象。测试场景在事先约定好的一个安静的茶室里，时间接近傍晚，当事人身体状况良好，情绪平稳，听说要进行一项看图投射的心理测验，显得较兴奋，在强烈的好奇心中又表露出谨慎的态度。

【罗夏测验反应】

以下受测者为“C”，咨询师或施测者为“T”，案例分析督导为“S”，〈 〉中的语句为施测者的询问。下同。

图版 I

C：30″(初始反应时间，下同)。狼的眼睛在发光。〈什么样的眼光?〉像狐狸一样凶残的眼光，眼睛眉毛都有些恐惧、阴冷。倒过来看（∨）又像是武士的头盔。〈有什么感觉?〉这是一个装饰物，有立体感，很重，有安全感，显得威武，像做将军的戴的。（∧）这又像一只蝙蝠。〈会动吗?〉不会动。还像面具。〈用于什么场合?〉圣诞舞会，非常好笑，也很有想象力。1′57″（反应终了时间，下同）。

T：（对图版的分析，下同）

当事人对此的第一反应不是普通反应“蝙蝠”，说明他没有太多的防御心理，对施测者也比较信任。“凶残的狼的眼光”暴露了他在人际中对自身以外的人的整体印象。转而看到威武的“头盔”，有找到了安全感，再回头来看这个图版就趋向于普通反应了，而且情感也渐渐积极起来，展开了一些想像。因此，当事人应该是很快地进入了轻松的测试状态。

S：很有可能这个狼的眼光，让他联想起在人际关系当中某些特定的人，而并不是所有的人，如果是所有的人呢，那你咨询师可能也是其中一个，可明显他是信任你的，让你给他做测试的。这里，你首先要考虑他在人际关系当中曾经受到过什么挫折，什么创伤。但这个引起创伤的人很有可能是特定的。

接下来，是看到武士的头盔。受测者一开始，受到了冲击，这时情绪想要稳定下来，所以头盔有种情绪恢复过来的保护感觉。即在自由联想中，当我碰到能够保卫自己的，能够防御自己的，那当然是拿着武器的武士了。并且能够镇压住狼和狐狸的也是这个武士了。而武士的头盔反应是有情感因素的，基本处于稳定的情绪状态中。同时你看，非常有趣的，武士和前面的狼与狐狸有关联性。即当事人如果在人际关系中受到什么挫折，或者有什么压力的，他希望能够有一个武士能打败狼和狐狸，能拯救自己。同时他希望自己也能够像这个武士一样能够打败狼和狐狸。注意武士是积极的形象，而狼和狐狸是负面的形象。

然后是一个蝙蝠的平凡反应，这说明他的情绪逐渐平静下来。但是接下来有一个面具和圣诞舞会，你是处理成一个反应，还是两个反应内容？这应该是一个反应内容，圣诞舞会给了面具出现的场合。

因此，从凶残的狼一直延续到圣诞舞会这个快乐的场合，明显地感到当事人的情绪波动是比较大的。

图版Ⅱ

C：4″这个是两个熊（D1）。〈它们在做什么呢?〉它们在马戏团里做游戏，头埋在下面，红色部分跟熊没有关系。下面是墩子，起支撑作用。它们玩得好开心。倒过来看又像两只鸡(D6),是两只公鸡在争斗,一半固定住了,一半在打架,很烦,很想把它们弄走。又像飘浮着的精灵(D2),很讨厌这些精灵;这部分像猴子的嘴(D3),好可爱,好想亲亲。空白部分(D4)是灯笼。〈挂在哪里的灯笼?〉感觉像挂在灵堂里的灯,似乎有一个20岁左右的年轻女人被人谋害了。我不想进去,我怕见到这种场面。这个,你不要笑我,很像男性生殖器(D5),是一个泥塑作品,很好笑。这里,还有这里,像人的半边脸,瘦骨嶙峋的死人一样(D7),让我想到一个中年的体力劳动者男性因为过度劳累而死,又像是死囚,我很同情他,但不想帮助他。4′。

T:第二张图版是一张黑色与红色相混合的图,他对这个图版的反应内容就很多,我难以分析,希望得到督导。

S:"两个熊",红色部分和它没有关系,这是切断反应,这个要标明。"挂在哪里的灯笼?"这句话不能这样问的,这是诱导询问。你一问,他来了,说挂在坟墓里面,挂在灵堂里面。只能问"为什么它像这个?哪个地方像?"而这个"挂在什么地方"是诱导引申,比方说,人家说"这是两个女人",你不好问"这两个女人生活在什么地方?"他告诉你是生活在秦淮河边,然后又浮想联翩。所以你要从形体上问他,哪些部分看起来象灯笼。但是你不能说挂在什么地方,那变成是构思作文了,编电影了。

T:他确实说是挂在灵堂里的。

S:这个是你诱导出来的,他开始自由联想了,自由联想最怕的会演变成其他白日梦情节。

T:他说他不想进入这个场面,然后他就看到这个部分。他说这个尖的地方象男性的生殖器,是个泥塑作品,很好笑。

S:这个反应内容是有点像,也没有形体不良。

T:最后一个反应,他说是像死人的半个脸,瘦骨嶙峋的。我怎么也看不出是死人脸。

S:这是他的原话吧,你要问他怎么看出瘦骨嶙峋的?

T:这个我看不出来。

S:你看不出来就要问他呀。接下去。

T:他说他想到一个中年的体力劳动者,男性,因过度劳累而死。

S:男性,中年,什么地方看出是中年?这个需要追问的。

T：然后他说又像个死囚，很同情他，但不愿意帮助他。

S：这时你要问他，为什么会有死囚的印象呢？从什么地方你看出是个死囚呢？从中年体力劳动者到死人到死囚，你的反应内容是一个还是两个？这里应该算两个反应内容，一个是中年体力劳动者，一个是死囚。所以，你看图版二一共反应了多少个内容？

T：八个。

S：而且你看他初始反应第一张30秒，第二张4秒。你看出什么东西来了吗？第一张反应四个，第二张反应八个，这个里面有什么问题吗？

T：他情感反应有开心，有烦，有同情，还有性反应和死亡反应。

S：他情感反应是有好多，但情感色彩是不同的啊。

T："争斗中的公鸡"让当事人觉得烦，隐射了当事人不愿看见人际中的纠纷。他对局部的细节的形态反应存在不良倾向，隐隐地我感到他对因劳累而死有所恐惧或不安。

S：具体你是从哪些反应内容看到的呢？

T：就是瘦骨嶙峋的死囚，这个是不良反应，然后那两只公鸡在争斗也是不良反应。飘浮着的精灵使他觉得很讨厌。所以我觉得他可能对因劳累而死有些害怕。

S：所以这就是症结，图版当中有死囚劳累而死，你看到就只是他害怕劳累而死。劳累应该看成是象征性的东西，说明他的压力大，这种压力呢，究竟是来自情感方面的，还是来自人际方面的，还是来自性爱方面的，目前不清楚。如果是人际关系呢，和他的身高自卑有关系，如果是性爱呢，和他第二张图版马上就出现男性生殖器有关系。所以，图版Ⅱ应该是值得好好分析一下的。

图版Ⅲ

C：2″。这像两个小人在打排球，更像是女性的外星人，嘴巴与膝盖都很突出，感觉比较轻松愉快（除D1以外的部分）。倒过来又像是有尾巴的小女孩面对面（除D1以外的部分），她们像发现了什么宝贝似的很惊奇。她们的脚嵌在石头里面，头部周围有烟雾（D3）。这是个雕塑。这样看（∧）又好像花盆、盆子（除D1以外的部分），花盆里放着黑乎乎的石头，还有草，红色的装饰。还有（D1）这像带尾巴的小鸟，很愉快，但我对它有一点恐惧，怕它们有攻击性，因为不知道它想干什么。2′。

T：这张图版的初始反应是两秒，说像两个小人在打排球，而且是女性的外星人，这两个小人的投射也是切断反应，不带红色的部分。两个女性外星人，嘴巴与膝盖都很突出。然后倒过来，反应是两个小女孩面对面，很惊奇，跟我们看得不太一样，中间这是两个头，上边是两腿翘起来。下边的两条腿是嵌在石头里的。我倒觉得很有创意。头部上有烟雾在飘动。

他说这两个人不是真人，是个雕塑。还有，正过来看，又像是一个花盆，花盆里放着黑乎乎的石头，还有草，红色的装饰。最后他反应上面的两块红色墨迹点是翘尾巴的小鸟。又说对小鸟有些恐惧，怕有攻击性，因为不知道这个小鸟想要干什么？

S：对小鸟有恐惧性，这个很奇怪，他对鸟恐惧，还是鸟对他有恐惧？

T：是他对小鸟恐惧，小鸟本身是很快乐的。

S：小鸟，一般的人都觉得小鸟是可爱的呀，那么他对小鸟有恐惧就要打一个问号。你是怎么分析的？

T：我觉得测试进行到这个阶段，当事人心中隐藏的被害或担心渐渐暴露出来了。

S：什么被害或担心？

T：被人攻击。也反映了他在人际交往中心理防卫比较强，危机意识也比较强，对潜在危险的敏感性高。

S：其中一个可能，和他交往过的像小鸟似的女性，曾给他构成过威胁，像前面几张的反应，他希望与他交往的女性让人轻松愉快。而且他长得比较矮小，他希望这个女性是活泼的、运动的，同时呢，又不必让人但心的。这个花盆实际上还是在投射女性，然后带尾巴的小鸟还是在投射女性，令人愉快的，但是反过来对他有点攻击性，那是肯定的。美女有没有威胁啊？有时也有威胁的，他追不到的。然后这样的美女，既有点外星人气质的，又是非常活泼的，他感到压力很大。

但是现在，隐隐约约通过这张图版，反应了他对女性的看法，由于他这个身高的自卑感，又受母亲和家庭的影响，也有可能成为影响他交友恋爱，影响他爱情发展的因素。那么他希望找什么样的女性呢？这是这几张图版所要注意的。

图版Ⅳ

C：4″（指着 D1），这是个龙头，（指着 D2），这是石头，龙从石头的家门出来，准备出去办事。它非常威武，也很善良，我愿意给他让路。又像个石雕将军的脑袋,小手大脚,坐在凳子上,跷着脚(D1)。这是非常奇怪与夸张的畸形雕塑,像国外影片中卓别林给人的形象感觉,很想笑。倒过来看呢,像是吊在空中的大石头。当中有座城堡,很神秘,石头与城堡都是浮在半空中的,非常想去探究。这让我想到了《哈里波特》里的魔法学校,很想带未来的老婆去看看。现在这样看来(∧),又像是趴着的青蛙(除 D1 部分),如果去掉这个(D1)尾巴,就更像了。无论从哪个方向看都是像青蛙。4′。

T:在这张有关父亲印象的图版中,龙是作为权威的象征,当事人表现出了对权威的依存与崇敬,他的男性形象观念的发展还是比较健全的。同时想带未来的老婆到"山中城堡"去看看,显示他作为男性能够这样做的骄傲与自豪。

S:很明显,结合第一张图版看出带给他压力的可能是他的恋爱经历,以及没有收获恋爱成果的压力。如果他有恋爱成果收获的话,他一定会展示这种成果,他会带着恋人到空中的城堡中去。可惜没有啊。这张图版反应可能象征着他父亲,也可能象征着他希望自己具有一种男性的力量。但是非常可惜,在现实当中,他感到自我男性的力量是缺乏的,这可能是他潜藏的担忧的东西。

图版Ⅴ

C:3″。像蝴蝶,黑色的漂亮蝴蝶,在飞,可能是俯冲下来,速度有点快,我感觉有压迫感;还是像蝴蝶,头在上,尾在下,无方向地飘着。现在看起来还像是洋娃娃的脑袋,有两根触角,两只脚。这些是翅膀,像是蝙蝠侠样的人,长着洋娃娃的脸,好有趣,又好矛盾。脸蛋很可爱,但翅膀有潜在危险,可能像刀一样锋利。我虽然有些好奇,但不敢去探究,怕它们有攻击性。1′18″。

T:这张图版说明,当事人对于潜在危险再次表现出警觉,也许在他的人际关系圈中存在着表面可爱而实际却非常危险的人物,他不敢去接触他们,而是尽量采取保护自己的回避方式。

S:什么潜在的危险呢?

T:就是蝴蝶的翅膀有刀一样的东西。

S:这就是当事人的生活事件中还没有被了解的部分。可能他经历过爱情,又被人家抛弃过,可能是因为身高等什么的,因而受过心理创伤。

图版Ⅵ

C:10″。这像解剖后的兽皮(∨),挂在那里,是张狗皮,不是很昂贵的,中间有根棍子撑着，在晾晒着皮毛，准备做衣服。我觉得非常可怜，很难受，但是我没有办法，下次我知道发生这样的事情会去阻止。这个，你不会尴尬吧，像女性的生殖器，正面的，我想是一个30岁左右的已婚女性的下体无意中走光，我不想探究是什么原因，我只是觉得好奇，有一点害羞，并不厌恶；从这个角度看像绑在山上的巫师，带两撇小胡子，下面是石头。这是一个邪恶的男巫师在做法，他的身体被固定住了。〈是什么让你感到男巫师是邪恶的呢？〉是他衣服上的羽毛，还有翅膀都让我觉得他很可恨，好想揍他。2′50″。

T：我的分析是，狗代表忠诚，忠诚之物被解剖，是他不愿看到的，并且想在下次发生同类事件以后阻止这样的行为，所以当事人内心还是非常善良的。在这里男女生殖器官等性反应都出现过，而且都没有什么隐讳地报告出来，当事人对性应该是有一定的了解与认识，有过性体验。

S：这是你自己推测的吧，你怎么知道他有性体验？

T：因为他说这个是30岁左右的女性。

S：那如果他说40岁的呢？那他有更丰富的性体验？你这个解释是不成功的。解剖的狗和兽皮是一种直觉反应，是皮肤方面的。再接下来，就反应到女性的生殖器了。他说是正面的，30岁的，这点不清楚，为什么是30岁的？然后再接下来是反应为巫师了。巫师跟他的羽毛和两撇小胡子，也是男性的反应。很性感。两撇小胡子，你们去看弗洛伊德《梦的解析》中精神分析学的象征含义。

T：这个图版的反应会不会是当事人的俄底浦斯情结的反应？可能是他小时候无意中看到过他妈妈的生殖器，那个男巫师象征他的爸爸，很凶。

S：你的意思是这个30岁的女人是他的妈妈形象啦？他小时候看到过他妈妈的身体。这个不一定的，太牵强了。据《弗洛伊德》传记描述，弗洛伊德是看到自己妈妈的身体的。弗洛伊德他怀疑他的弟弟究竟是他妈妈和他爸爸的孩子呢，还是他妈妈和他哥哥的孩子。弗洛伊德的爸爸在四十几岁的时候，娶了一个二十多岁的漂亮女人，然后这个漂亮女人跟他爸爸生下了弗洛伊德，但是当时这个女人二十多岁，弗洛伊德的哥哥也二十多岁。然后他妈妈又生下一个弟弟，这时，弗洛伊德就怀疑这个弟弟不是他爸爸和他妈妈生的，而是他哥哥和他妈妈生的。

T：童年的弗洛伊德说好像有一天看到了（他哥哥和他妈妈在一起），他就想哥哥能够占领他妈妈,他也应该能够占领他妈妈,所以当他妈妈洗好澡以后出来,这一刻他震惊了,发现他妈妈的身体非常光泽的,从此就爱上了妈妈的身体,所以这个恋母情结就是这样来的。这个是弗洛伊德传记中描述的,所以弗洛伊德的精神分析学认为,男孩子是爱他的母亲。然而弗洛伊德的爸爸很光火,弗洛伊德作为反抗所能做的一切就是跑到他爸爸妈妈睡觉的床上去撒尿。撒尿就是一种性活动了,他想我不能够占有妈妈,但是我能够在她床上撒尿也行啊。所以他爸爸说这个孩子是一事无成的。然后弗洛伊德就做梦,可能梦到被惩罚。

所以这张图版是性的反应,这样分析我认为他对性可能会有一定的体验。

图版Ⅶ

C:2″。这是两只小白兔(D1),很温顺,我很喜欢,想摸摸它们。(指着D2)这是发怒的小动物,带脚,让我想到动画片蓝精灵、小丑等。我对此嗤之以鼻,不屑一顾,并不害怕。(指着D3)这像一个屁股,没有穿裤子,肉肉的,应该是一个男人的屁股,从透明的玻璃对面看过去一样,很好笑。倒过来看像游戏中无脑袋的怪物,被对手砍了头,奄奄一息,还有3—5秒的时间就快死了。我是不会救他的,因为他是一个可怜的妖怪;从这个方向我怎么看不出什么呢?是不是别人能看出来呢?(指着D1、D2、D3)(∨)底下是小石头,上面是大石头,它们连在一起,大石头压着小石头,我担心大石头会倒下来砸着人,天然叠在一起的石头也会危险重重,我还是躲开的比较好。3′。

T:我注意到他说还有3—5秒的时间就快死了。

S:为什么还有3—5秒钟就要死了?你这个要问他的。

T:当时没问。我注意他这时在不断地转动图版。

S:他把图版转来转去的,你要有记录,有标志。便于我们判断他是多动症还是神经过敏的。好,看看你怎么分析的?

T:当事人对迎面而来的危险会比较警惕而且惧怕,而对其他方向的潜在危险不是很畏惧。因为他说这个发怒的小精灵是侧面的,而他之前所害怕的东西都是在下面的。

S:对正面的危险害怕,对侧面的危险不害怕?你前面讲,他对潜在的危险非常有恐惧心。什么意思啊?自相矛盾嘛。

T:就是说如果这个危险是冲着他的,他就非常恐惧。

S：但是你前面讲“当事人对潜在的危险再次表现出恐惧”，现在又讲“对其他方向的危险并不是很畏惧。”要注意分析的逻辑要有一贯性。

T：对喜欢的小白兔就要去摸摸，对邪恶的巫师觉得可恨，说明当事人是爱憎分明的。

S：心理测试不要变成品德评语。

T：再次提到有关性的部位，而且是“肉肉”的，当事人应该对性有一定的饥渴，但不痴狂。

S：为什么这样分析？有饥渴，但是不痴狂？

T：因为他说从玻璃对面看过去的。

S：那不是说明更加饥渴吗？不要太变态哦。你认为隔层玻璃就不痴狂了？那大家都隔层玻璃好了。

T：然后我觉得他只是希望受到一些“性刺激”来获得兴奋感，包括图片、影像等。

S：如果是运用精神分析技术，到这张图版中要看到，当事人在解决性冲动，性压抑的当中，会不会有其他发泄渠道，例如自慰。

所以在分析中后面这句话这样写：“在这张图版中，当事人依然表现出对潜在危险的担心和惧怕，采取避让退缩的方式来应对。”当事人对性压抑可能用手淫，自我消化的方式来解决。并把这些多余的力比多和能量消耗掉。

（以下，三张彩色的图版一起分析，督导）

图版Ⅷ

C：2″。哇，彩色的一片，有森林、雪山。最远处是雪山（D1），近一些是森林（D2），近处的是石头和山谷，有水，但不多，也没有流动，非常安静、祥和，我很向往。（指着D4）这里有两只熊爬在两棵大树上，挂在那里了，后脚蹬在石头上，是个比较美观的装饰物。（指着D3）这像个耷拉着脸皮的狗，懒洋洋的，闭着眼睛，很丑的公狗，但很忠诚善良，我想逗它玩儿。1′48″。

图版Ⅸ

C：3″。这是花盆（D2），这是火焰（D1），这是莲花座（D3），绿色花盆中有红色的火焰，下面是莲花座，整个画面都有圣洁的感觉，安静祥和，我不太敢抬头看，有一种崇敬的心情。中间的棍棒是花盆的附属品。莲花座让我想到观音。

倒过来(∨)(指着D1)这是树根,(指着D2)这是绿叶,从树叶中喷发出来的红色液体,像是西瓜汁(D3)。西瓜汁很好喝,很浓甜,可以解渴。整个图片很饱满,很轻快,我很愉快。1′02″。

图版X

C:3″。这乱七八糟的,什么都有,有鸟(D1),有蛇(D2),挂在树上的小老鼠(D3),长着七八只脚的螃蟹(D4),两把工具,一把钳子(D5),一把剪刀(D6),还有蓝色的小动物(D8)挂在树上像猴子一样灵活,中间橘红色的3个宝石(D7)非常珍贵。整个像一个童话世界,童话的王国,充满了动感,仿佛回到我童年的时候,好想去冒险。3′。

T:对图版Ⅷ的分析:色彩反应给当事人带来了愉快的感受,向往并渴望与大自然亲近,远离世俗纷扰。自我形象渐渐显露。“忠诚的善良的懒洋洋的狗”象征当事人自己的人格。

对图版Ⅸ的分析:当事人心灵深处渴望善良,渴望圣洁,喜欢纯净而没有污染的世界,这样的彩色图景给了他很多愉快的感受。

S:这张图版你这样分析是可以的。但是从精神分析角度看投射与象征的内容有西瓜汁,很浓很甜的。这点你没解释。突然之间,这莲花啊,西瓜汁啊都出来了,这些怎么分析?这是关键之处。从象征含义上解释,他希望能够找到能够解决他爱情的饥渴的人。这一张图版和前面几张一起,没有分裂感。在烈火骄阳之下,对人际关系呀,对工作的劳累呀,都感到压力很大,如果有这一样一杯爱情果汁,又浓又甜,可以解渴的,他是希望能够当成是爱情的甘露。西瓜汁的象征意义就在这个地方。他也很希望有这样一个神灵,一个权威,保佑他,希望自己的命运有所改观,使他这个命运中,能找到美好的爱情。反过来,在现实当中他的情感饥渴也是非常严重的。

T:对图版X的分析:这样的色彩世界虽然乱,但却充满了乐趣与动感,当事人体验到的是一种童年的欢乐,童话世界里的欢乐,也许他已经距离这种欢乐时间好久了。

S:两个世界,一个是理想的彩色世界,一个是现实无奈的世界,他内心中充满矛盾,但他还是想去追求、去获得。

T:以下是对当事人罗夏测验的整理数据表报告。

表 8-1　案例一的罗夏测验整理数据表

项目 \ 姓名	L
年龄	27
性别	男
反应总数(R)	36
拒绝反应(Rej)	0
初始反应时间：T/ach(黑白反应时间)	7.85″
T/c(彩色反应时间)	2.67″
平均初始反应时间	6.3″
反应领域：W(整体)	15
W̶(整体切断)	3
D(部分)	11
Dd(异常部分)	3
S(空隙部分)	3
Org%(旋转度)	30.6%
决定要素：F(形体反应)	24
M(运动反应)	5
S(阴影反应)	2
C′(黑白反应)	1
C(色彩反应)	3
反应内容：A,A/(动物范畴)	14
H,H/(人类反应)	5
其他	17
形态：F%	22.22%
F+%(形态反应正常或良好)	77.78%

续 表

项目 \ 姓名	L
感情范畴：Tot. Aff%(感情综合指标)	86.1%
H(敌意的)	2
A(不安的)	7
B(身体的)	5
D(依存的)	5
P(愉快的)	12
M(其他的)	0
N%(中性的)	13.9%

T：通过罗夏心理测验的诊断与分析，可以得出以下解释：当事人的智商较高。

S：为什么有这样的判断和评估？

T：因为他的反应总数 R 是 36 个。

S：总数 36 个？不算太好的，并没有到 45 个。判断其智商高在测验中得有较好的独创反应，而且这些反应是非常新颖的。他的独创反应有几个？

T：独创反应有 25 个。

S：你具体讲讲，哪 25 个？没 25 个，独创反应至多我觉得只有两三个左右。一共反应了 36 个，就有 25 个是独创反应，这样计算是错误的。

T：被测者判断事物灵活且有弹性，观察问题细致，具有现实性与常识性，认知比较客观。但对感情的控制往往采取内在的约束，对投射的事物兴趣体现在动物上的较多，对人不太感兴趣，在广度与多样性上比较缺乏。他的人际关系也许就因为他的追求完美和吹毛求疵而使防御机制僵硬，过分的警觉，过度的担忧，也许他生活孤独，或者曾经受过创伤，受到别人的冷落。他对疾病和身体健康方面有一定的担忧，担心因为劳累而死去。这跟其父母因营养不良而身材矮小有一定的关系。

S：对这个案例的心理测验和分析，我作如下一个综合的督导。

从当事人的心理测验情况分析,需要解决的一个问题就是他的性、爱情、婚姻的今后走向问题。第二个,当事人对女性的看法,他今后究竟要找一个什么样的女性伴侣? 由于他家庭遗传因素造成身高问题和内心的自卑感,他要找的女性标准是,她既不能“翅膀太锋利”,她对他应该温柔,对他不能有攻击性,但是又要是不凡的,有点像外星人似的,而且她又要成熟的,人是二十几岁,生殖器要三十几岁的,同时呢,能够给他带来爱情的西瓜汁这样的东西,不能淡而无味的,情感要浓和甜的。这个女性的要求和他曾经交往的女性也许有关系。他可能曾经受到过某种恋爱挫折,严重一点,也可能受到过创伤,那么他以前的这个挫折和创伤,在今后的人生道路上会不会再重演,又要怎样消除掉? 都反应在这十张图版当中。一讲到女性时,他最后都是有点恐惧,特别是第三张图版是有心理问题的,他对小鸟特别恐惧。

一般人可能对玫瑰花恐惧,大概还讲得通,玫瑰是好看的,但是你摸摸它有刺的。所以他的人际关系可以这样解释,就是当事人生活背景当中是不是和可爱的小鸟一样的女性接触过,但是却获得不成功的经验,而这个不成功的经验只能通过神灵啊,观音啊,武士啊,通过这些未知的神灵的力量来给他救助。这就是测验反应中有这么多的神灵的原因。但是从整体上讲,当事人的情感是比较浪漫的。他有他的理想,他有他的浪漫,他一旦有了这样的女友就会带她去看有魔法的学校,去看天空中的城堡,他会带她到美丽的花园中去。

我们做心理测验,要仔细了解当事人的生活和文化背景,判断并捕捉他的心理主题。然后在十张图版的分析中,比方说,从第一张图版到第二张图版,就开始要敏锐地捕捉一些重要的线索。这个测验在第二张图版开始隐隐约约“寻找爱情”的主题就显露出来了。特别是第二张图版,男性生殖器出来了。然后到女性生殖器,一直到比较露骨的性反应,说明他对性和爱情的饥渴是非常大的。实际上这也就是他目前人生中所要聚焦解决的一个重要的课题。

二、迷惘的大学生活

当事人背景:

F,男性,26岁,某高校文科研究生,出生于农村,家庭成员有父母,一弟一妹,由于父母经营农业,兼做市场销售,家庭经济比较富裕。

F已进入研究生毕业期，已提前找好毕业后的工作，所以必须尽快完成毕业论文。否则会耽误学位的获取，但当事人拖延着，无法安心撰写论文，对大学的学习前途感到迷惘。F非常渴望有情感的生活，也渴望有一场轰轰烈烈的恋爱，但是目前没有女友，因此情感非常压抑。他自己主动要求做一次心理测验，看看自己内心的冲突和压抑在哪里，可以明白自身的情感需求。

罗夏测验实施前已进行过三次心理咨询面谈，咨访关系建立良好，罗夏测验实施的当天，当事人的精神状态和情绪平稳。

【罗夏墨迹测验反应】

以下受测者为"C"，咨询师施测者为"T"，案例分析督导为"S"。( )中为受测者语言、行为或表情，〈 〉中为施测者的语句。下同。

图版 I

C：30″（初始反应时间，下同）看到什么都可以说？（笑了一下）〈是的，看到什么就说什么。〉

①（∧）中间像女性的子宫。

②（∧）又像怪物的头，两边对称的。

③（∧）右边好像在磨损、褪去、掉下一样。

2′10″（反应终了时间，下同）。

T：分析：被测者看了30秒，第一反应是女性的子宫，但不好意思地问了一句"什么都可以说？"，可见他还是有些警戒和防御心的。这是一个性的解剖反应。说明被测者感到了性的冲击。

第二反应是怪物的头，表明他开始紧张，有压力感，对测验感到不安，也对自己的第一反应感到不安。

第三反应边上的磨损、掉去，不仅是不安，而且像是受到了伤害，有了恐慌感。也有可能是被测不接受自己人格中的某一部分，正希望这个部分磨损掉。

被测始终没有转动这张图版，而且神情严肃地紧盯着看了两分钟。他的内心应该是受到了强烈的震撼。对这个奇怪的测验感到害怕。

S：被试对第一张图版第一个反应，就是性反应，这是很少见的案例，必须要引起施测者或咨询师的高度关注。

图版Ⅱ

C：13″。

①（∨）这有点像面具。

②（∧）这样看第一反应像女性的性器官，特别是下面红色的部分有一种特别的暗示，中间整个的样子像。

③（∧）像个宫殿，中间白色的像水池，从下往上远远地上去，好像影片《阿甘正传》里阿甘从越战回来讲话时，他女朋友穿过水池和他相会的地方。

④（∨）这样看下面这个红色的像有点奇怪的生物，就是那种科幻片中的怪物所生的幼虫，恶心，正在吞食黑色的部分。

3′05″。

T：分析：拿到图版后，被测转了一个方向，11 秒后有了第一反应是面具，这是承接第一图版的不安感，他能用手拿着图版并转方向，说明他的不安感已经有了缓解。但是他还是有防御心的，因为面具是象征，是符号，更是躲藏和掩饰，是复杂社会和人际关系中的自我保护方式。他可能也在给自己一个过渡，想探索自己的心灵世界，又不敢太快，太直接。

第二反应是女性性器官，还说特别是下面红色的部分有一种特别的暗示，红色的暗示。这个色彩投射代表强烈的情感，说明被测想要被诱惑，想要肉体结合的强烈渴望。

第三反应阿甘和其女友相会的宫殿，相会后自然有爱情的行为，但这是一个很愉快的场景，被测希望的性爱是有感情基础的，是浪漫甜蜜的。

但是还有一段距离，要穿过水池，说明困难还是有的。

最后一个反应是一个怪物的幼虫吞噬具大的黑色物，也有性的意味，而且是有些受暴力攻击后恐怖的性创伤。由浪漫的爱情突然转到恐怖的攻击，暗示了被测可能曾经受到过性的创伤。

S:"受到过性创伤"是咨询师施测者的主观推测，还需要更多的素材，特别是生活事件来佐证。另外对性器官的反应，是投射在形体上还是运动反应上，也要辨别清楚，即形体代表静态的，运动代表动态性的欲求不满或感知诉求。

图版Ⅲ

C：7″。

为什么都是这一类图呢？（笑，摇头）

①（∧）像人体解剖图，臀部。

②（∧）中间那块黑的又像是一个人戴着墨镜，科幻片里的人。

③（∧）像两个女性在弯腰打水什么的。

④（∨）如果没有红色的，就像卡通很好玩。

⑤（∨）但有红色给人一种血腥感，特别是下面的两块红色像在滴血。差不多就这些了。

2′01″。

T：分析：第一反应是人体臀部的解剖图，又是一个性的解剖反应，反映了被测者无意识的性欲求。

第二反应说中间的一个像戴墨镜的男人，这是个强有力的男人，和第一反应结合，男人与臀部，显然与性有关，也可能这个男人是在偷窥什么，一方面说明了被测者的性压抑，另一方面暗示了被测者解决性压抑的方式可能和偷窥有关。

第三反应两个女人弯腰打水，这种女人的姿势也是强有力的性刺激。打水也是有象征意义的。这是个愉悦的场景，再次说明被测者想要被诱惑，在一般的常态之下，水性是温柔的，成语说“柔情似水”“好风如水”，曹雪芹在《红楼梦》中通过贾宝玉之口，说“女儿是水做的骨肉”，也是将水和儿女柔情联系在一起。

最后反应认为红色给人一种恶心的血腥感，也和身体接触的暴力有关，又一次暗示了被测者可能受到过性创伤。

S：第二张图版和第三张图版，都提到了一个推断，即被测者可能受到过“性创伤”，现在两个图版放在一起分析，先分析第二张图版的第二反应“女性性器官”吧。

T：被测者的第二张图版第二反应是女性性器官，还说特别是下面红色的部分有一种特别的暗示，红色的暗示，这个色彩投射代表强烈的情感，说明被测想要被诱惑，想要肉体结合的强烈渴望。

S：想要被诱惑是什么意思？

T：他感到了诱惑。第三反应阿甘和其女友相会的宫殿，相会后自然有情爱的行为，但这是一个很愉快的场景，被测者希望的性爱是有感情基础的，是浪漫甜蜜的。

但是还有一段距离，要穿过水池，说明困难还是有的。

最后一个反应是一个怪物的幼虫吞噬具大的黑色物，也有性的意味，而且是有些暴力攻击的恐怖的性创伤。由浪漫的爱情突然转到恐怖的攻击,暗示了被测可能曾经受到过性的创伤。

S:为什么?如何证明你的推断。

T:他给我讲过他第一次的性经验特别不成功,也很难受和难过。

S:更确切地说是他难受还是他女朋友难受?

T:他自己感到很难受,而且被拒绝了很多次。

S:那应该是性生活尝试不成功喽,不一定构成性创伤。或者说曾经有过性的经验不圆满的经历。在弗洛伊德的精神分析中经常以苹果来形容性与爱。苹果有成熟的苹果和不成熟的苹果,如果红苹果代表成熟的性经验,青苹果是没有性经验,那么不成熟的性经历叫做青涩的苹果。这里的情况并不是性的创伤,也就是性的经历中有挫折的感觉,精神分析中"青涩"这个词我觉得用得非常好。即品尝过了,没有成功。在精神分析学的释梦中,苹果是代表诱惑的,梦到苹果是希望被诱惑,或者希望有爱情。没有成熟的苹果是青涩的,但并不代表有性的创伤体验吧?

T:他对我说他后来看到女朋友就会害怕。

S:有性恐惧,但也不等于有性创伤,就像有些人就喜欢看恐怖片,但你不能说他有创伤,他越害怕,他越是想看,这种恐惧感里面有娱乐成分在的,跟创伤不同。所以有些人畏惧某类水果,像吃青涩的青苹果。好多时候有一种娱乐成分的在里面。和创伤不同,创伤是身心方面受到了伤害,在短期当中,一般是难以恢复的,它需要一个康复的过程。比如说心灵的创伤让他感到心里在滴血,如果是身体上的,皮肤被割开来,很伤痛,甚至会感染。所以你断定他是创伤一定还要有其他证据。而且在这个推断中还要用事实来说话的。在测验中一定要用被测者的生活的材料。因此,你后面一句可以这样讲:"暗示了被测可能对于性爱有恐惧感,对性爱有过不成功的经历。"要比你一下子推断他有性的创伤要好一点。

再来分析第三张图版吧。

T:第三张图版,第三反应两个女人弯腰打水,这种女人的姿势也是强有力的性刺激。

S:为什么?

T:因为臀部翘起,还在那里打水噢。

S：噢，就是臀部翘起在打水。

T：打水也是有意义的。这是个愉悦的场景，再次说明被测者想要被诱惑。

S：为什么？

T：因为看到女人打水。

S：看到女人在打水多了，难道都是想要被诱惑？

T：那为什么别人没有看出来像两个女人在打水，而他看出来的？在一般的常态之下，水性是温柔的，成语说"柔情似水""好风如水"，曹雪芹在《红楼梦》中通过贾宝玉之口，说"女儿是水做的骨肉"，也是将水和儿女柔情联系在一起最后反应认为红色给人一种恶心的血腥感，也和身体接触的暴力有关，又一次暗示了被测者可能受到过性创伤。

S：还是再等一等。有了更多的素材，再下结论。

T：可以看出，第二张图版和第三张图版的反应模式很相似，都是先不安，后愉悦，再后来变成恐惧。这种变化模式可能反应了被测者思维的方式，也可能反应了他的爱情经历。而且，很重要的一个细节，他拿到图版后，马上说了一句话："怎么都是这一类图？"后来我问他时，他说都是很奇怪的，甚至有点让人好奇又害怕的图版。

S：分析得不错，但推断再慎重些。

图版Ⅳ

C：5″。

①（∧）像个怪物，脚很大，下面长长的舌头吐出来，而且头很奇怪，像鸵鸟的头。

②（∨）这样看我一下想到的是冰河里的猛犸象，中间很像，但两边的象牙不像。

③（∨）只看中间有点像一个奇怪的国王，戴着王冠。

④（∧）像是扒下来晒干了的动物皮。

这张图看起对称，但实际上是有许多细节上的差别，中国人拍科幻片就需要这种想象力。

⑤（斜着看）像奇怪的生物的叶子。

⑥（∨）像一只奇怪的蝙蝠。

T：这张图版是与父亲、男性和权威形象有关的。

第一反应,很快的5秒钟就反应了一个脚很大,头很小,伸着舌头的怪物。说明被测对权威有一种怀疑和不信任的感觉。尤其是怪物的头像鸵鸟的头。鸵鸟看上去挺高大的,可是一遇到危险就把头埋在地下,逃避现实,即采取鸵鸟的回避方式。因为他给我讲过他对权威的看法,就是有了功劳要让给他们,有了问题,就让下面的人扛着。

第二个反应,冰河时代的猛犸象。猛犸象是生活在南极或北极的非常巨大而有力的食肉动物,但是因为找不到足够的食物而逐渐灭绝了。这个反应说明被测希望自己能像猛犸象一样有力量,但是在现实中可能他担心自己的力量不够强大。因为毕竟,猛犸象早就不存在了。

第三个反应,中间一个戴着王冠的奇怪的国王。这个显然是被测想要找到权威来帮助自己。可是这个权威却很奇怪,而且力量也是不足的。这个很可能是他的父亲的象征。

这三个反应,有一个内在联系的过程,首先是对外界或社会的权威的印象,比如他的老师,或未来工作上的领导,这些人不值得他的信任;接下来是像猛犸象的自我,也没有现实的力量;最后是他的父亲,奇怪的国王,也是不足以依靠的。那么被测应该从哪里找到他的男性力量呢?这显然是个问题。

第四个反应是扒下来晒干了的动物皮,就反应了被测的这种惆怅和担忧以及不满。这句话很有趣:这张图看起来对称,实际上是有许多细节上的差别,中国人拍科幻片就需要这种想象力。被测通过这种挑剔和谴责,来表达自己的不满。

第五个反应,他将图版斜着拿,还把它端到眼睛的水平高度,动作有点怪,然后说像奇怪的生物的叶子。从巨大的怪物到巨兽猛犸象再到国王,再到动物皮,最后到叶子,一个比一个小,一个比一个单薄,一个比一个没有力量,说明被测心中的失落和担心是每况愈下,与日俱增。

然而,最后一个反应,出现了转机,尽管还是一只奇怪的蝙蝠。对西方人来说,蝙蝠是一种可怕的动物,作为一种夜间动物,它可以象征与早期的创伤性经历有关的潜意识内容。另外一方面,蝙蝠也可以象征直觉的智慧。因为蝙蝠不用眼睛,可以在黑暗中飞行,这里可以象征直觉。在中国,“蝠”和福同音,因此有时蝙蝠象征着得到幸福。他这个蝙蝠的反应让我觉得和前面一再出现的血腥感觉有关,因为在西方广泛流传着蝙蝠是吸血鬼的传说,这种传说通过文艺作品也传到了中国，所以有时蝙蝠代表吸血的东西。中国民间传说中老鼠偷喝了油就会变成蝙蝠，蝙蝠嗜血，常和吸血鬼在一起。但是，这样的一种丑陋、残忍的动物却有可能变成一只神奇而有力的蝙蝠侠。说明被测者在内心中寻找自己的力量所在，相信自己虽然现在还没有力量，但也不能靠别人，而自己将来会有力量的，会成功的。

S：你对被测者图版Ⅳ的几个投射反应，心理分析还是比较细致、周到的。

图版Ⅴ

C：3″。

①（∧）像一个奇怪的变异过的蝙蝠，触角长，翅膀很大。

②（∨）有点像当代艺术作品，两只孔雀相对而立。

③（∨）突然感觉像两团有生命的黑色东西向两边方向漂开，并挥手道别。

④（∧）这样看像两个古代的智者的人头靠在一起说话，或在睡觉。

⑤（∧）左边这个样子像耶稣，头上有荆棘，胡子很浓很黑。〈右边的呢?〉也像耶稣。

⑥（∨）有点像动物的骨头。

4′50″。

T：这张图版最容易出现平凡反应。但平凡反应中的细微差异也能反映被测者的心理活动。

时间只有5秒就有了第一反应，而且承接上一张图版的奇怪的蝙蝠，他说这是一只变异的蝙蝠。翅膀很大，触角很长，形象威武，显然已经有了力量了。说明被测者的情绪已经好转了。

第二个反应，两只孔雀相对而立的现代艺术品。被测者已经出现了愉悦情绪。而且这个反应我认为是形态良好的独创反应。在希腊神话中，孔雀象征王后赫拉女神。在中国和日本，孔雀被视为优美和才华的体现。对于佛教徒和印度教徒来说孔雀是神圣的，它们是神话中“凤凰”的化身，象征着阴阳结合以及和谐的女性容貌。

这个反应与第一反应相结合来看，被测者找到自信后开始寻找自己理想中的女性和美好的爱情了。而且一对贴在一起却昂首而立的孔雀是多么的和谐与幸福啊。这显示了被测者憧憬的理想女性和爱情观。

被测者给我讲过他所爱慕的女性是要有知识有修养的，形象又优雅的。

第三个反应，突然感觉像两团有生命的黑色东西向两边方向漂开，并挥手道别。这个反应打破了他刚才的美好梦想。一方面在现实中他所爱慕的女性总是和他保持一定距离，另一方面说明他可能受到过情感创伤。这些让他感到无比的焦虑和难过。也可能是被测者人格中矛盾和冲突令他很痛苦，想要解脱。

这里又像前三张的模式了。一出现好的体验反应马上就被恐惧打破。

第四个反应，两个古代智者的人头靠在一起说话。这是被测者在体验到恐惧后本能地寻找依靠和解脱。但可惜这两个人在睡觉。

第五个反应，头上有荆棘的耶稣，这显然也是被测者找的解救自己的力量，同样这个力量是不可靠的，因为耶稣也在受苦，头上有荆棘。我们还知道负荆请罪的故事。这是被测者将中国文化与西方文化结合的反应。但一个西方的救世主在中国是行不通的。

最后一个反应，动物的骨头。殷商时代有兽骨占卜及龟甲占卜。古代的北亚洲及北美洲诸民族将动物的骨头、甲壳清理晒干，然后烧灼它们，根据壳上的裂痕来预卜吉凶。说明被测处在找不到解脱的绝望和不安中，急于想知道自己的命运，或者寻找自己的救世主究竟在哪里。这时他已经将图版放在桌上，几乎不敢碰了。

S：注意，分析不要过度引申，还需要更多的测验材料来支撑你的观点和推断。

图版Ⅵ

C：11″。

①（∧）像一只蝴蝶飞到柱子上。

②（∧）像动物的皮。

③（∨）这样看有点像两个人或者两只动物背对背靠在柱子上，面带微笑地游戏。

④（∨）从中间看像瀑布从很高的山崖上流下来。

⑤（∨）像冰河上的整块浮冰，中间一条开始解冻了，融化了，周围也开始融化了，越到边上越薄，甚至可以看到从水面下透上来的亮光。

⑥（>）像很怪的空中飞行物。

⑦（∧）上面这个像男性的生殖器。

2′03″。

T：这是一张性意识测试图版。

第一反应是一只蝴蝶飞到柱子上，在希腊神话中蝴蝶代表灵魂，因为当它变成蛹时好像死了，然而在蜕变成为一个长翅膀的蝴蝶时，就又飞了起来。它非常轻盈而又会飞翔，非常符合人们心目中灵魂的特点。中国的古人认为死亡并不是终结，而是一个转世。我们的躯体死亡也许正是灵魂的解脱。我们或者还可以说，幼虫的粗蠢的肉体象征着现实生活，而蝴蝶轻盈的彩翼象征着精神世界。化蝶的象征意义在于：现实也许是不美的，但是精神世界却可以是美丽的，犹如蝴蝶。就像佛经中讲的蝴蝶是化生的，是会转化的。

所以这里被测从在现实中的无力转而寻求精神世界的美好。这个反应和上一张图版中的最后一个即与动物骨头相结合的反应，大致可以看到这种变化。

当然这里显然还有性的意味。蝴蝶飞是性行为的象征，柱子是男根的象征，被测者希望的是一个像蝴蝶一样有灵性的女性主动来接近他，来安慰他，来给他温柔，来拯救他。

第二反应动物皮是平凡反应。说明被测者在理想和现实之间的恍惚不定。

第三反应两人靠柱玩笑，这里有人际交往的渴求，更多地可能是两性的交往，恋爱，渴望交流心声，说明被测者希望被理想的异性理解。和前面两只孔雀一样，被测者希望的爱情是平等的，互相理解的。所以他想要找的正是和前面一致的既有知识又优雅的女性。

第四反应山中间有瀑布流下来，这种高山流水遇知音的感觉，还是代表着被测者的爱情观。当然山间瀑布显然也有性的意味，这种非常湿润的感觉暗示了被测者渴望一种美好的性体验。也正说明他在现实中的欲求不满。

第五反应融化的冰块，反映被测想要摆脱现实困境的愿望，同时也看到了希望，以及对未来的美好憧憬。他的力量就在于爱情。爱情能融化坚冰，爱情就是他所说的从水面下透上来的亮光。而且这种爱情是饱含深情，富有精神的。

第六反应，怪的飞行物是有力量感的。

最后一个反应，这个男性生殖器是坚挺有力的。反应了被测如果获得了美好爱情后的力量重生。爱情就是他的良药。

这张图版的情绪愉快，明朗，欢欣鼓舞，节奏很快，一共只用了两分钟。和前面一张的沉重截然不同。

(旁听的咨询师)质疑：蝴蝶为什么代表灵魂？

S：蝴蝶代表灵魂是古已有之的传说，代表的例子就是梁山伯与祝英台的故事，主人公死了以后，他们的灵魂就化成了蝴蝶，中国的传统文化当中是认可的。人死了以后，最后灵魂化成了蝴蝶。所以蝴蝶就是有些知识分子的人格外化啊，诗人死了以后，他的灵魂就像蝴蝶一样飞了起来。你看到蝴蝶在飞，就会想到这是诗人的灵魂。

(旁听的咨询师)质疑：为什么蝴蝶飞是性行为的象征？

T：我觉得动物的一切这种展翅啊、飞行都是性行为的。

(旁听的咨询师)质疑：蝴蝶和蜜蜂也可以是象征男性的啊？

S：但是花粉和花蜜也可以代表是男性。反过来，蝴蝶代表女性也可以。因为花呢要传播自己，只能靠花粉，不过花粉呢代表男性当然也是可以的。这样的分析呢，确实过于精巧了。如果是确实有事实来说明的话，这个分析确实是太情彩了。即被测者希望有一个温柔的女性给他爱情，来拯救他。

T：图版Ⅵ，第六个反应，很怪的飞行物有力量感，最后一个反应，这个男性生殖器是坚挺有力的。

S：这个坚挺有力怎么看出来的？

T：你看它那个形状。(大家笑)。

S：这种推测在质疑阶段要加以确证的，不是你说什么就什么的。为什么呢？如果说没有质疑确认的话呢，就会变成究竟是他认为坚挺有力还是你认为坚挺有力？是他在象征还是你在象征？是你这个施测者在投射还是被测在投射，就不清楚了。

图版Ⅶ

C：3″。

①(∧)整个的一半像月亮的阴影部分，又像是玉兔，又像是人。

②(∧)像音乐盒，下面的部分像是盒子，上面两个小女孩在音乐响起就会转起来。〈现在在动吗？〉在动。

③(∧)像两山中夹着一个波光盈盈的水库。

④(∨)像中国的山水画，白色的像云雾，黑色的是若隐若现的山顶端像是泰山顶，而且很奇怪地，像是有很多水从上面流下来。

⑤(∨)像洪水泛滥，只剩下浮在上面的山和土地。

⑥（>）这样看，有点像大头的青蛙，也许是远古时的形态。

⑦（V）中间的白色的部分像胎儿，在母亲的子宫中，是从背面看的。

⑧（V）像只毛茸茸的小玩具熊，有眼睛，头大，有手，有脚。

⑨（V）突然觉得好像两个小男孩头对着头顶牛，〈在游戏吗?〉是的。

⑩（V）有两个小女孩背对背跳舞，头发很张扬。

6′。

T：这是一张对母亲印象的测试图版。

第一反应，3秒钟就反应出月亮中的玉兔和嫦娥。月亮是母亲与女性的化身，也是思乡和相思的象征。被测者在现实中感到孤独寂寞，思念家乡，想要回到母亲身边的温馨与关爱中。明月千里寄相思，他想要心爱的女性能知道他，理解他，接受他。月亮时晦时明，时圆时缺，周而复始，它既是运动的代表，又是永恒的象征，它总是启示人们对宇宙永恒的思考，激发人们宏大的天问意识和人生感叹。说明被测者对知识的渴求。

月亮中的玉兔和嫦娥显然是美好女性的象征。轻盈，灵性，温柔却又寂寞，这说明被测者也是很能理解女性，欣赏女性和尊重女性的。也有可能嫦娥象征被测的母亲，而玉兔是他自己，他渴望被母亲抱在怀里，轻轻地抚摸。说明被测者喜欢的女性应该是有一些母性的。

但这却是一个阴影反应，说明被测还是有点压抑和不自信。尽管理想很好却难以实现。

第二反应，音乐盒和转动的小女孩。这里音乐和跳舞本来就是挑逗与发出性信号的行为。

第三反应，两山中间波光盈盈的湖，有波浪的湖水不用说最是原始的性爱激发的环境。

第四反应，中国的山水画，有与美好异性交往与结合的需要。

第五反应，洪水泛滥，又是承接前面的反应模式，感觉一好，立刻出现恐慌。

这连续的四个反应代表了被测的性欲不满和渴求。

第六反应，远古时的大头青蛙。青蛙是性的象征，同时也代表男性，被测者觉得自己现在就像只丑陋的无人问津的大头青蛙，渴望着一个心爱的女性来亲吻他，或者哪怕是摔打他，从而使他变成一位英俊的、有佳人爱慕的王子。所以这个反应有可能解释了被测者前面的恐慌，一方面可能他自卑，另一方面可能受过创伤,即被施了魔法,成了丑陋的青蛙。

第七反应,母亲子宫中的胎儿。这是一个依恋反应。也有点逃避现实的意味。

第八反应,毛茸茸的玩具熊,在客体关系中,玩具熊是代表母亲的过渡客体,显然也是被测者寻求温暖和保护的希望。

第九反应,两个小男孩顶牛。第十反应,两个小女孩跳舞。这两个反应和胎儿、玩具熊联系起来,显示出一种成长过程,被测者渴望温暖单纯,无忧无虑,两小无猜的亲密关系,当然最好也要伴有和谐愉悦的爱情关系。

这张图版的反应总的来说是愉快的,而且都是整体反应,是一种理想的,逃离现实的状态。

S:图版Ⅶ是测试被试对母亲或女性的印象的图版,但从当事人背景上看,不知道当事人和他的母亲,即我们常说的母子关系如何?

T:很好的。

S:为什么?好到什么程度?

T:他是长子,他母亲对他一直很好,他说他家三个孩子,母亲对他是最好的。而且他说到他过年时没有回家,母亲就非常的难过,他一直想回家看看他妈妈,但寒假时没有回去。他咨询中经常跟我提到这件事情。

S:也就是说,他对女人以及对性方面的,以及他今后交女友方面的,有母亲对他的依恋关系影响。在今后咨询当中要注意当事人的母子关系。因为有些男人要找的理想女人可能就是以他的妈妈为形象的,同样有的女儿找男朋友,也是以她的父亲为模本的。有些母亲在对儿子的教育当中可能会讲,你应该找一个什么样的女人,相夫教子的还是贤妻良母的?也许是他自己认为他今后找的人要像母亲一样。但是倒不一定在这里分析得出来他对母亲的思念。与其这样分析,不如说反映了他对女性是怎么评价的。

T:我觉得被测者几个反应是连续相关的,都有明显的性反应在内。

S:第九反应的小男孩"顶牛"和第十反应小女孩的跳舞也是性反应?

T:按照弗洛伊德的精神分析学,玩耍、跳舞就是一种性反应,而且被测者现在又是成人。

S:这里投射的"顶牛"和"跳舞"有可能是一种娱乐性的反应,或者竞争性的反应,不能太过分地使用弗洛伊德的"泛性论"去分析解释一切。

图版Ⅷ

C：7″。

①（∧）像两个什么红色的动物爬到上面摘食物吃，豹子或熊。

②（∨）有点好玩，如果中间白色的地方变成红色，就像沙皮狗在吃西瓜，但它黄色的眼睛有忧郁的神情。

③（∨）也像是这个沙皮狗躲在什么东西后面，很委屈的样子。

④（∨）下面灰色的像狼头。

⑤（∨）灰色的也有点恐怖的面具。西方科幻片里的人物面具。

⑥（∨）只看中间蓝色的像是女性的胸罩。

⑦（∨）只看灰色的像男性的内裤。

⑧（∧）只看上面的灰色部分，像没有喷发的火山，顶上非常白，像太阳刚好从顶上照过来，本来是冰山或雪山，由于太阳的照过来而形成了阴影。

⑨（∧）下面红色部分像点燃的冰块，或者像固体酒精。

⑩（∧）蓝色的像插在高地或桌上的旗帜。

⑪（∧）下面的红色像两座山，中间有一个狭长的通道可以上到底上。

⑫（∧）上面灰色的像很酷的日本斗士，非常有力量，蓝色的是胸前的铠甲，两边是爬在其身上的一起战斗的宠物。

7′50″。

T：这张图版反应的内容最多，总反应时间也是最长的，可能是被测者受到了色彩的冲击。于是出现了一系列的连续反应。最后才综合起来

第一反应，两只动物摘食物吃，这是一个对成功感的投射反应。

第二反应，吃西瓜的沙皮狗，也是对成功感的投射反应，但却有着忧郁的神情，说明这种成功感在现实中是缺乏的。

狼头或面具，是恐怖的情感反应，说明现实中有压力，无法成功。

女胸罩和男内裤，狼头变成内裤，这个说明既渴望性，又惧怕性。

没有喷发的火山，巨大的能量没放出来，可见有巨大的压抑和欲求。

太阳照不过来，有阴影，还是说他害怕两性交往。但他渴望阳光能够照过来。

燃烧的冰块或酒精，也是有着能量的，说明他渴望一份炙热的感情，以释放他久抑的无法排解的力比多。同时这些物体也有自我牺牲的意味，反映了被测

者自怜的心态。

接下来,插在高地的旗帜一方面是性的象征,另一方面也是成功的向往。

两山中间一狭道,有性的象征含义。

前面这些都是部分反应,说明被测者正在受到色彩和性的冲击,认知与感觉统合不起来。

最后一个反应,很酷的日本斗士,这是一个整体反应,被测找到了一个力量,将感觉统合好了,象征被测者不甘无能的顽强精神。同时也说明被测者对美好爱情和性爱的渴求不只是空想,他会将自己磨炼成一个强有力而吸引女性的男性。因为这个日本斗士不仅自己有力,还有铠甲和宠物,铠甲象征财富,有宠物象征一个男人的权力和地位。同时其性能力也非常强。被测者在做这个反应时握紧了拳头。

这张图版反应了被测者的成功愿望和野心。

S:这张图版一共反应了 12 个意象,用时 7 分 50 秒,施测者的推论一以贯之,认为反映了被测者是有性压抑或性欲求的,解释和分析明显是受到了精神分析学理论的深刻影响。(听着,大家都笑了)。

图版IX

C:10″。

①(∧)下面红色的像是连体的未出生的胎儿。

②(∧)上面黄色的部分像被压迫得变了形的女人的乳房,外面则像男性有力的上半身,肌肉发达。

③(∨)除了上面红色的部分外,像两个亲吻的女同性恋,绿色的头。

④(∨)红色的很奇怪,像四个水蜜桃或草莓什么的。但有点恶心,好像坏了。

⑤(<)像一条可爱的金鱼,向前游去,有红红的嘴巴。

2′05″。

⑥(∧)(附加)结束后我问他最喜欢哪一张,他说是这一张,让他有种特别的感觉,他会兴奋,会不安,他看到了男女生殖器的性交过程,女上男下式的。

T:第一反应是连体胎儿。

被压扁的乳房和男性有力的上半身揉在一起,有男女相拥做爱的动态体验。但是有暴力的倾向。亲吻的女同性恋也有一些变态的性行为。可能反应了被测者长期欲求不满所产生的非常态的性幻想，也可能说明被测者有过创伤性体验，有点想报复给他带来伤害的女性，所以说是女同性恋。

接下来反应的是草莓或水蜜桃，但有点恶心，还是说他向往甜蜜的爱情却害怕再次受伤？

最后，可爱的金鱼，和图版Ⅷ反应模式一样，先是部分反应，最后是一个整体反应。说明被测者的意坚定志，不甘无能。同时这条可爱的金鱼带给他的是鱼水之欢的美妙幻想。

这张图版充分反应了被测者的性压抑和性饥渴的问题。尤其附加反应赤裸裸是性交反应。

S：第六反应是在结束后的询问，被测者的附加反应说明太“性”了，有些赤裸裸，为何会出现这样的附加反应？

T：是这样的，可能是我给了他一点暗示。

S：你为什么给他暗示？

T：因为我自己觉得这个图就是这样子的。我觉得就像是性交的过程，我自己看到这张图，我就觉得像，然后我问他最喜欢哪张，我心里面就希望他说这张。

S：为什么？

T：因为我想让他表达出来，觉得他太可怜，太压抑了。

S：这是你自己投射出来的东西，然后来暗示他吧？

T：他正好选这一张，然后我就暗示他说这是最性感的一张图。

S：这是不允许的。我跟你讲，绝对禁止这样的诱导提问的。不可以这样做测验的。

T：我这样认为的，他正好也想到了。

S：再次重申，在罗夏心理测验中，严禁进行这样的诱导式提问。

图版Ⅹ

C：7″。

①（∧）像两个女巫在打斗，上面灰色的是头，红色的是身体，两边蓝色的是武器或手，中间蓝色的也是兵器，身后还跟着两个小兵。

②（<）像太空中奇怪的飞行物或奇怪的风筝。

③（∨）有点像瓜果园，有各种颜色形态各异的果实。

④（∨）只看上面的绿色，像两只海马。

⑤（∧）上面灰色的像两只小虫，奇怪的动物。

⑥（∧）上面灰色的又像是科幻片中的两个小兵正在关上一扇大门，而且还面对面的说话。

⑦（∧）中间红色的像两座山崖，上面有两个小兵在对打，互相威胁。

⑧（∧）两边黄色的小部分像两个丫环在进献什么东西。

3′04″。

T：这张图版更多地反应被测者在处理现实问题和适应陌生环境时的能力。

这张图版被测者倒是先有三个整体领域反应，再有部分领域反应。说明被测者已经调整好自己的感觉，色彩冲击不那么强烈了。被测者对陌生环境还是能尽快适应的。

第一反应，两个女巫在打斗，又有武器又有兵。这是一个壮观的场面。

女巫有两种：一种代表智慧、沟通和康复；另一种代表破坏性的潜在力量。这两种女巫代表了人格中两个矛盾斗争的方面，而且都是非常有力量的。所以这里的打斗反应了被测者内心的矛盾抗争，非常的紧张和焦虑，想要使自己从创伤中解脱出来。还有可能，女巫代表被测者心中的阿尼玛，他希望一个理想的阿尼玛打败给他带来伤痛的女人。

第二反应，奇怪的飞行物或风筝。从激烈的打斗到成为一个整体，而且飞翔在空中，有力又美丽，说明被测者内心经过矛盾挣扎后获得了统一，承认了自己的对立面，也就增添了一份内心力量和和谐。

第三反应就更能说明这种胜利的成果和和谐的心态了。有各种颜色和形态的果实的瓜果园，显然是一种丰收和成功的愉悦感受。

有了和谐的感受与良好的心态，被测者平静下来。平静生智慧，使得他可以更细致地看待现实，体现在他开始观察细节了。于是有了第四反应，绿色的海马。海马被认为是忠贞不渝的象征，因为它们优雅高贵，终身实行一夫一妻制。说明被测者向往这种忠贞的爱情。不过有趣的，英国科学家最近的发现证实，海马不仅进行乱交，而且普遍存在同性恋行为。

这也可能暗示被测者曾经受到的创伤是因不忠的爱情。

华人在传统上把海马当成吉祥的动物，因为它可以在生产后的当天马上再受孕，所以也是百子千孙的象征。而且海马是雄性怀孕产子，而非雌性。这些暗示了被测者作为男人的责任感和对女性的理解。这里被测者的情感是愉悦的，他告诉我这两只海马像在游戏,游戏是一种性行为,海马喜欢尾部缠绕着游戏。

第五反应,上面奇怪的小虫。

小虫是有着顽强生命力的,也是很聪明。我看到过一个小虫和一滴水的故事。在沙漠中的清晨,小虫们早早地从沙底下的房子里爬上来,在沙丘顶上排好队,它们立起身子把光滑的脊背朝着迎风的方向,太阳没有升起时,会有一阵清风缓缓地,软软地吹过来,在小虫的背上渐渐凝成水珠,越来越大,最后成为一滴水,水滴从小虫的背上流下来,流过脖子,流到嘴里,成为了小虫这一天赖以生存的生命的甘露。就这样日复一日,年复一年,在沙漠中生存了下来。

这两只小虫可能在反应被测者想要有一个生命的伴侣,和他同甘共苦,平凡而坚强地度过一段有意义的生命历程。

第六反应,两只小虫变成了两个小兵说着话,关着门。也是很平凡的二人世界。

第七反应,山崖上的小兵对打,这个可能又在提醒被测者要想得到那种理想的爱情,还是要完善自己的人格,和不好的人格部分作斗争。也可能暗示他要和过去的创伤说再见。

第八反应,两个丫环进献东西。丫环是听命于主人的,温柔的,忠诚的,也是知冷知热的,丫环在古代也常常是小妾,屋里人。被测者最后作出这一个反应,说明他现实中身心疲惫,想要被照顾又不必有挑战,伴侣必须是招之即来,挥之即去,而且对他必恭必敬。但是这种女人和被测者理想中的有知性的高雅的伴侣是不同的,恰恰反应了被测者的无奈和不满,以及退而求其次的心态。当然这里面有一个男人的权力欲,可能获得权力也是解决他问题的一种方法。

(其他咨询师)点评:分析细致、周到,但小虫的那一段故事是否发挥得有点过头。

S:确实分析发挥得有些过了。

(其他咨询师)点评:有些过度分析,咨询师会太强调自己的主观性,于是会在分析测试结果时,把结论故意往这上面靠,比如说两个人打架,就往性压抑理论上靠,说是欲求不满。因此就分不清这些反应,究竟是被测者的投射还是施测者自己在投射。

T:我来回应一下。我写出这么多分析东西恰恰是为了追求客观性。首先投射是要抓住象征性的东西,象征是一个潜意识的表达,潜意识中的象征意义有很多,必须把所有的一一展示出来,最后才能详尽的分析,判断。

S:在投射测验中施测者确实避免不了个人的主观分析和判断,也不是说在测验中客观性越高越好,评判的标准是,这个主观和客观的科学性及科学依据到什么程度,以及确实能体现当事人的人格特征和生活经历,这是在今后的心理测验中要不断磨练的部分。

T:综合来说当事人目前的基本问题主要有两个:一个是现实中自我力量不足,想要成功;另一个是渴求爱情和欲求不满的问题。

当事人受着内心矛盾和人格对立面的挣扎,但觉得外界力量不可靠,希望通过自己的力量来解决,他有着想要获得爱情和性的支配权的想法。

当事人理想中的爱情是偏重于精神交流的,也就是希望能够有共同语言的伴侣,此外当事人对女性还是很愿意去理解,去尊重的。但他希望这样的女性主动来找他。当事人正当青年,力比多过量发展迅速却得不到适当的排解,在现实中可能会用窥视的行为去发泄,因此他的幻想中常常会出现性暴力场景。

我给当事人的建议是承认自己的力比多过量,最好的方法是升华这个能量,用这个能量来修炼自己的人格,锻炼自己的意志,取得学业上的成就。

统计数据表如下:

表 8-2 案例二的罗夏测验整理数据表

项目 \ 姓名	F
年龄	26
性别	男
职业	研究生
反应总数(R)	67
拒绝反应(Rej)	0
初始反应时间:T/ach(黑白反应时间)	10.18″
T/c(彩色反应时间)	8″
平均初始反应时间	9.6″

续 表

项 目 \ 姓 名	F
反应领域：W(整体)	37
W(整体切断)	4
D(部分)	25
Dd(异常部分)	0
S(空隙部分)	1
Org%(旋转度)	43.6%
决定要素：F(形体反应)	40
M(运动反应)	21
S(阴影反应)	2
C′(黑白反应)	1
C(色彩反应)	2
反应内容：A,A/(动物范畴)	15
H,H/(人类反应)	18
其他	34
形态：F%	59.6%
F+%(形态反应正常或良好)	95.4%
感情范畴：Tot. Aff%(感情综合指标)	80.1%
H(敌意的)	3
A(不安的)	12
B(身体的)	7
D(依存的)	3
P(愉快的)	27
M(其他的)	2
N%(中性的)	19.9%

S：案例的题目是“迷惘的大学生活”，投射测验所反映的问题，是大学生活不适应以及大学生自我成长、情感性需求为主题的，所以这个案例对于现在的大学生心理健康教育具有典型的现实参考价值。

对于被测者来说主要存在三个方面的人生迷惘或困惑。

第一是他的爱情生活问题，即他应该追求什么样的恋爱对象？今后又应该过一种什么样的爱情生活？他对女性有什么看法？特别是他今后要选择的女性类型是怎么样的？这在十张图版的反应中都有了显示。

第二是因恋爱问题造成了他的情绪困扰，这种情绪压抑已经影响了他的学业，使他不能静下心来写作毕业论文，必须要通过心理咨询来得到疏导和解决。

第三是面临研究生毕业时期，因情绪困扰又造成了极大的学业压力。他应该如何调控自己的情绪完成毕业论文写作，顺利完成学位论文答辩，又成了一个非常紧迫的任务。

这三个问题相互关联，有着因果关系，也决定了当事人今后的生活发展轨迹，并决定了他的价值观和人生观的发展。罗夏墨迹测验就是要了解这些问题形成的因素，理解他的人格动力倾向和潜意识的活动，使咨询师能够在接下来的心理辅导过程，有的放矢地帮助他理解自我，规划成长的方向。

人毕竟不是动物，是有调控自我的能力的，大学生的内心具备自我成长的潜力。我们通过罗夏测验也可以看看他的内心中有哪些积极的资源或能量能够帮助他解决内心的矛盾，进而解决被测者的情绪困扰问题，是找到这个咨询案例的最好突破口。

三、令人恐惧的关系

当事人背景：

E，女性，27岁，某公司文秘。家庭经济状况不佳，父亲为伤残人士，经营杂货店，母亲在美容院工作，在当事人高考前夕母亲因宫颈癌去世。父母关系不和，因经济问题发生争吵，E考取西部某省一所重点大学，学业优秀，经常获得全额奖学金。读研究生后基本靠个人打工支付生活、学习费用。母亲临终前的遗嘱说给她留下一套房子，但被舅舅一家住着无法要回。E在读大学期间，经同班同学介绍认识一个笔友，两人通信四年，建立恋爱关系，男友两次考研都没成功，被调剂到外省一所非重点大学读研。在此期间，E在网上认识一个男生，双方交流颇多，对方开始追求她，被她拒绝。那个男生就把一些信息和隐私发布到学校网上的公共论坛上，被现男友发现，两人发生激烈的冲突和矛盾。E收到现男友的威胁，出现肢体冲突，她害怕对方实施进一步报复，情绪处于极度困扰之中，遂来心理咨询机构求助。

罗夏墨迹测试前，已对当事人进行了两次心理咨询，恐惧的情绪得到了安抚，但淡漠的表情下仍掩藏着一颗脆弱受伤的心。

【罗夏墨迹测验反应】

图版Ⅰ

3″。（∧）像狼，（在质疑反应中说是很凶恶的狼，要吃人了）。（第一个反应说出后停顿十几秒），〈还有什么？无论看到什么都可以说。〉哦，像蝙蝠。（附加反应，这两个还有点像嚎叫的熊。）39″。

图版Ⅱ

5″。（∧）两个小人，〈还有吗？〉（摇头）25″。

图版Ⅲ

5″。（∧）还是两个小人。中间像是一种恐怖的东西，魔鬼之类的，（质疑时说条纹状的黑色的部分像是恐怖的东西，根据颜色的深浅，黑色的像鬼魂的眼睛）。红的像血迹，这个像动物爪子，恐怖。是蝴蝶结？（被测者带有点询问的、不确定意思，边笑边问。）〈还有吗？〉（翻转至〈，〉，交还图版）120″。

图版Ⅳ

6″。（∧）（非常肯定的语气）怪物；这一部分像凶恶的、凶残的动物的头，和魔鬼差不多的；像是动物、怪物用来攻击人的、很锋利的工具，（质疑时说是攻击人的、锋利的爪子。）动物的脚，好大，（我发现我看到的都是形象分散的。）1′29″。

图版Ⅴ

3″。（∧）蝙蝠，利爪，感觉有点像人的脚，芭蕾舞演员的脚，（质疑时说脚上还有袜子。）（∨）蝴蝶？（用不太肯定的语气自问，然后又重复）蝴蝶。（翻转至＞，∧，交还图版。）46″。

图版Ⅵ

4″。（∧）二胡，琵琶，（翻转至＞，∧）动物的须毛，感觉也是挺恐怖的吧。

动物，一种张开的，有些动物可以张开和降落的，可自我保护的动物，猫好像就是这种类型的，可以把四肢张开。（质疑时说张开的动物下落的时候，自我保护。）蝴蝶。1′37″。

图版Ⅶ

13″。（∧）跳舞？两个小人跳舞，（停顿几秒）我在想她们两人间的关系好不好，似好又好像不好，表面上好，实际上不好。（质疑时说两人在看，脸上的表情在对视，表面密切合作，但私下关系不是很好。）（翻转至＜，∧）1′05″。

图版Ⅷ

6″。（∧）我又看到感觉不好的东西，这两个像是狮子、老虎之类的，在爬上去争抢什么东西，它们俩在竞争。〈还有吗?〉（翻转至＞，＜，∧）看不出了。这张彩色的我怎么感觉到不好的东西。〈没什么好与不好。〉我是说我看到的都是凶恶的。41″。

图版Ⅸ

4″。（∧）像两条龙，下面是熊熊大火，中间是某种奇异的、神灵的眼睛，两条龙在挣扎。大火在烤它，它感觉很痛苦。（笑，这就像是看图说故事。）（被测者在质疑时说中间是灵异的、神奇的，冥冥之中有主宰权的眼睛。）1′。

图版Ⅹ

7″。（∧）两只蜘蛛。埃菲尔铁塔。中间还是那种怪物的眼睛（质疑时说恐怖的、背后有主宰权的眼睛），就像老鼠，我怎么看不成一个整体？恶心的动物，和老鼠类似的。像蛇。这个好像是一个人戴着太阳镜（质疑时说太阳镜是那种善良的普通人戴的）。但我看上去都是不好的、邪恶的东西。1′22″。

【图版反应内容分析】

图版Ⅰ

当事人拿到图版后的第一个反应很快，给施测者一种脱口而出的印象。在说出“狼”之后，马上沉默，沉默了十七秒左右，没有要继续说话的意思，但也没有把图版还给施测者的意思，因为是第一张，施测者就鼓励被测者说看到什么都可以说的，虽然这在指导语中已给她讲过了，但她还是表现出有点刚明白的样子，然后说出一个平凡反应“蝙蝠”。但在质疑阶段详细描述了一个恶狼头的形象，白白的眼球，尖尖的嘴，很恶的狼，要吃人了，给人一种毛骨悚然的感觉，施测者特意问了是“饿”还是“恶”？她说是“凶恶”的“恶”。反映了当事人刚看到图版的第一感受就是恐惧、不安、受害感和攻击的敌意，但为自己内心感知到的东西所害怕，也为暴露了自己一直掩藏的内心世界而感到焦虑，还有一种为是不是要坦然地说出自己看到的东西而犹疑的态度，所以沉默许久，然后说出一个平凡反应来平衡和转移自己的感觉，但质疑阶段的附加反应“嚎叫的熊”与“要吃人的狼”都是极为相似的恐怖意象，显示了当事人在看到这张图版时真实的内在感受。

图版Ⅱ

这是出现黑红色彩的第一张图版，容易出现反应时间的延长，当事人的反应时是5秒，没有表现出受到了色彩的冲击，但是只简单地说了一个平凡反应“两个小人”，就没再有其他的反应，总反应时也是10张图版中最短的。这里有几种可能，一是可能她仍然沉浸在第一张图版带给自己的意象冲击中；二是在暴露了内心意识后又惯性地返回到防御的姿态，封闭起自己的感情，掩饰自己的真实感受。还有可能就是“两个小人”在当事人的内心可能影射的就是自己和男友，而且两人最近的关系是让她焦虑和烦忧的来源，她也想回避这种让自己焦虑的压力源。

图版Ⅲ

一开始说了一个平凡反应“还是两个小人”，与上一张中的“两个小人”的反应很类似，没有任何动作，活动的描述，显示了当事人在人际关系中有较强的防御心理，对人际交往不适带来的压力有回避心态。紧接着说中间像是一种恐怖的、魔鬼之类的东西，质疑时仍然用了“恐怖”的形容，并补充说黑色的像鬼魂似的眼睛，虽然当事人没有直说，但这描述的其实是魔鬼的一个头，但又把魔鬼的眼睛说成是鬼魂的眼睛，在当事人眼里，厄运或是生活的重压像是魔鬼，但又有鬼魂的掌控力，使自己无法逃脱，显示当事人内心的不安、恐惧和无助。“血迹”显示了当事人的受害感，“恐怖的动物爪子”反应了内心的恐惧不安和隐藏的攻击敌意。最后反应“蝴蝶结”，红色的蝴蝶结是小女孩常用的头饰，当事人试图回避自我感受到的恐怖不安，回归防御姿态，也显示了她内心希望做个小女孩，渴望那种有人关爱、照顾自己的温暖和安全的生活。但是在说“蝴蝶结”时用的是询问的语气，而且边笑边问，似乎不确定，又似乎只是为了让施测者觉得表现正常才做的这个反应。说明当事人对美好的生活缺乏坚定的信念，另方面也显示她对测试还是存在一定的防御心，此外她很敏感，已经意识到自己在测试时投射出了内心压抑的情绪，但又力图在施测者面前表现自己美好的一面，而不想更多地暴露自己。

图版Ⅳ

拿到图版很快就用非常肯定的语气说是怪物，接着又看到了“凶恶的、凶残的动物的头，还是和魔鬼差不多的”“动物的脚，好大”都反应了当事人内心强烈的恐惧、不安，说明遭到男友威胁这件事给她带来很深的创伤感、受害感和焦虑。“怪物用来攻击人的、很锋利的工具”，质疑时说是“攻击人的、锋利的爪子”，反应了她的不安和敌意还有很强的自我保护的意识。还回图版时她自言自语说“我发现我看到的都是形体分散的”，说明她追求自我掌控感。也力图通过努力希望追求自己想要的生活，却又感到无力和无助。这张图版又被称为“父亲图版”，当事人反应的都是怪物，也显示了她对男性的不信任、愤怒和压抑的恐惧，以及想摆脱和控制又无法做到的焦虑感。

图版Ⅴ

起初的“蝙蝠”是平凡反应，紧接着又看到了“利爪”，显示当事人压抑的攻击性和强烈想保护自己的欲望。然后看到了“芭蕾舞演员的脚”，质疑时说“脚上还有袜子”，说明当事人有着细致的观察力，反应她内心渴望一种美好的、有情调的生活，也希望自己充满活力和美感，有自由舒展的张力，能在人生的舞台上有机会展示自我。但是只是一双脚，反应了内心的缺憾感、不完满感，还有对未来美好向往的不确信感。投射最后一个反应“蝴蝶”时，又同第三张图版反应“蝴蝶结”时相似，先用不太肯定的语气自问一遍，然后又轻轻重复“蝴蝶”。这反应了当事人对化羽为蝶、从艰难困苦中超越白我、获得新生的一种向往，对自由轻快的生活格调的一种渴望，还有对相依相伴、共创美好生活的爱情的憧憬，但现实的状态又让自己感到没有信心，觉得不确定和怀疑。

图版Ⅵ

连着两个乐器反应“二胡”“琵琶”，反应了当事人对艺术的兴趣，对愉悦生活的向往，对美的敏锐感知力。另外也是前一张图版中最后两个反应“芭蕾舞”“蝴蝶”意象的延续。翻转之后又看到了“恐怖的动物的须毛”，说明不安和恐惧对当事人来说如影随形，向往和渴望的只是在理想中的描绘，面对现实，仍觉得是难以摆脱的压力和焦虑。“可以张开和降落的、能自我保护的动物”，并解释说

“猫”就属于这种类型的。猫其实并不是能随意升降、自由飞翔的，只是跳跃能力很强，身形敏捷，遇到危险可以腾挪闪跳保护自我，这反应了当事人内心的不安全感和渴望能自我保护的强烈愿望。此外现在看得到的猫多数都是家养的宠物，能满足基本需要的、比较好的饲养条件，说明当事人渴望被人照顾、被人娇宠，拥有衣食无忧的生活。“蝴蝶”如上张所述，仍然反应了当事人的内心向往美好或蜕变。

图版Ⅶ

出现了第一个人的运动反应“跳舞”，而且也是先用疑问语气，再用肯定语气。说完“两个小人跳舞”，停顿几秒后自言自语“我在想她们两人间的关系好不好，似好又好像不好，表面上好，实际上不好”。质疑时说“两人在看，脸上的表情在对视，表面密切合作，但私下关系不是很好”。一是反应了当事人在人际交往中的防御之心较重，对别人很难信任；二是说明她内心对即使熟悉的人也有种疏离感，觉得自己仍然是孤独的；三是可能投射了她和一些亲近的人的交往状态，比如说自己和男友的关系，两人虽然已经很亲密了，但是二人之间的沟通不畅，矛盾重重，并不像表面那样是亲密的情侣，或者可能投射了她和其他人之间的交往状态。一方面，以她较重的防御之心和人交往，常会觉得彼此之间并非真心相待，也会影响关系的真正亲近，另一方面也可能是她和某些熟悉的同学或朋友间有表面亲近实际不睦的人际关系的反映。最后也可能是投射她父母之间的关系，虽为多年夫妻，实际并不亲密，各自情感孤立。

图版Ⅷ

这一张图版是第一张多重色彩的图版，当事人一拿到就说了一句“我又看到感觉不好的东西”，说明她受到了色彩的冲击，引起了不安的感觉。“两个像是狮子、老虎之类的，在爬上去争抢什么东西，它们俩在竞争”，不但用了争抢，还用了竞争，说明当事人的竞争心是很强的，由于内心感觉不到太多的温情和人际间真诚的信任，缺乏安全感，竞争对她来说就是一种自我保护、获得安全感的方式。这种反应还隐含着一种担心丧失的不安、不信任和敌意。当我问“还有吗?”她答“看不出了”以后又说“这张彩色的图版我怎么感觉到不好的东西”，施测者解释说“没什么好与不好”时，她又解释说“我是说我看到的都是凶恶的”。但却没有继续说看到了什么凶恶的东西。这说明她不仅只产生了狮子、老虎之类的反应，可能还看到了其他令她感到不安和恐惧的东西，但是她回避了。

图版Ⅸ

投射为“两条被火烤的龙”、“挣扎”、“痛苦”，都反映了当事人很强的焦虑感、受害感和无望感，虽然在上一张图版中压抑了内心看到的东西，但这种情绪在这张图版中还是不由自主地再次流露出来。“熊熊大火”也反映了她内心的烦躁、不安，还有隐含的愤怒、恐慌。图版三段色彩下面是“熊熊大火”，中间是“某种奇异的、神灵的眼睛”，上面是“在煎熬的痛苦中挣扎的龙”，这一幅幅画面，如同在描述地狱中的一个场景，但大火炙烤的不是什么魔鬼或怪物，反倒是中国传统中奉为神物、能呼风唤雨的龙，质疑时又补充说中间灵异的、神奇的眼睛在“冥冥之中有主宰权”，在她眼里，地狱中的审判者在惩罚能飞跃升天的龙。这既反映了当事人在目前的生活中苦苦地奋斗与挣扎，反映了自己在维持觉得并不理想的恋爱关系，又觉得分手难以割舍或恐惧的那种欲罢不能的挣扎。尽管她虽奋力超越，仍觉得被命运牢牢攥在手里的那种无助感，也隐藏了她对命运之神不公的怀疑和叩问。还可能隐含了她的一种不甘坠落的期望，也许飞龙经过炼狱的洗礼仍然有飞翔和升腾的机会。

图版Ⅹ

先是一个平凡反应“两只蜘蛛”、一个感情中性的建筑反应“埃菲尔铁塔”，接着再次出现“背后有主宰权的、恐怖的、怪物的眼睛”，说明当事人对生活的光明前景缺乏确定的信念，潜意识中觉得冥冥之中有令人畏惧的命运之神在掌控着自己的生活，觉得不安和恐惧。“老鼠”“和老鼠类似的恶心的动物”“蛇”都显示出当事人的一种不安、厌恶、敌意，也可能反映了她对性爱生活的一种态度，或许当事人有过性的创伤经历？出现过这些反应后，当事人自言自语“我怎么看不成一个整体?”显示了她追求自我掌控的愿望。最后说“这个好像是一个人戴着太阳镜”，质疑时补充说“太阳镜是那种善良的普通人戴的”，紧接着又说“我看上去都是不好的、邪恶的东西”。说明当事人虽然对这个测试并不排斥，但从内心来讲一直不愿意暴露自己隐藏的内心和情绪，她内心对自己要求很高，不希望给测试者留下一个不好的印象，在反应了一些真实的东西之后，总力图再反应一些美好的东西来掩饰或者让自己的内心平衡。

【综合数据统计分析表】

表 8-3　案例三的罗夏测验整理数据表(1)

项　目 \ 姓　名	E
年龄	27
性别	女
职业	公司文秘
反应总数(R)	34
拒绝反应(Rej)	0
附加反应 Add	1
初始反应时间：T/ach(黑白反应时间)	5.8″
T/c(彩色反应时间)	5.4″
平均初始反应时间	5.6″
反应领域：W(整体)	11
D(部分)	21
d(稀少部分)	2
Dd(异常部分)	0
S(空白间隙部分)	0
反应继起特征	一般型
决定要素：F(形体反应)	24
F+%(形态反应正常或良好)	75%
人类运动反应 M	1
动物运动反应 FM	5
无生命运动反应 m	0
黑白反应 C′	2
彩色反应 C	2
立体景色反应 V	0
物品质地反应 T	0

表 8－3 案例三的罗夏测验整理数据表(2)

项目 \ 姓名	E
反应内容：A，A/（动物范畴）	20
H，H/（人类反应）	7
性反应 Sex	0
生活用品反应 Li	1
解剖反应 at	0
自然反应 Ntr	0
火反应 fire	1
死亡反应 De	0
血液反应 Blood	1
爆发反应 ex	0
建筑物反应 arch	1
食物反应 Food	0
交通反应 Tra	0
宗教反应 Rel	0
范畴数 Range	
感情范畴：敌意感情 H	8
不安感情 A	17
身心健康状况 B	0
依存感情 D	2
愉快感情 P	4
神秘感情 M	2
中性感情 N	8

续 表

项目 \ 姓名	E
诸因素比较：W : M	11 : 1
M : ∑C	1 : 2
FC : CF+C	0 : 2
(H+A) : (Hd+Ad)	16 : 11
A% : H%	20 : 7(59% : 20%)
F+% : F-%	18 : 1
(FM+m) : (T+C)	5 : 2
M : (FM+m)	1 : 5
R(Ⅷ + Ⅸ + Ⅹ)%	32%
R(Ⅷ + Ⅸ + Ⅹ)/R(Ⅰ~Ⅶ)	11/23

【综合评价与建议】

当事人十张图版的反应总数34,在正常智力范围,整体反应率32%,低于亚洲常模(40%—45%),平均最初反应时间很短,形态质量好的反应比率为75%,普通部分反应比率D%为62%,超过常模(40%),动物/人物的比例为20/7,明显高于常模(3/7)。

总体评估如下:

(1) 当事人对测试表示出兴趣,比较配合,但一直比较担心反应出自己不好的方面,多次在一些自认为不好的反应后,再产生平凡的或自认为好的反应。

(2) 反应时思维敏捷,具有智力的现实性、具体性和常识性。

(3) 当事人的反应中多次出现"恐怖""怪物""魔鬼",残缺的人物、动物部分肢体,有很强的不安全感、恐惧感、受害感,很渴望能保护自我。

(4) 动物比例明显高于人物比例,显示她在人际交往中有不适应,内心潜藏着敌意和不信任。

(5)“两个小人”出现了三次,但都没有具体、细致的描述,说明当事人对人际关系不适应产生的压力采取回避态度。

(6)两次出现“冥冥之中有主宰权的眼睛”,显示当事人内心有对未来命运走向的恐惧和悲观感。

督导的建议:

综上所见,由于当事人的原生家庭中父母长期不合,高考前母亲又早逝,与男友长期两地分居,缺乏良好的沟通,最近又遭男友威胁,这些都给她造成了很强的不安全感和创伤感。她不习惯于表露自己的真实感情,压抑了许多焦虑不安、恐惧和敌意,在人际交往中总是采取遇到压力就回避、不直面沟通的态度,造成人际关系中的某些挫败感和孤独感。对恋爱、婚姻尚未形成明确的价值观,缺乏在亲密关系中采用有效沟通方式的技巧。

今后对其的心理咨询方向,应进一步加强对情绪恐惧的疏导和安抚工作,并作好心理创伤危机干预的准备。对于当事人今后的成长与发展,需要其在调节自我情绪、增进沟通能力上努力学习,树立符合自我人生发展的婚恋价值观,鼓励其建立面对挫折的信心,以健康的心态去迎接生活中的困难和挑战。

四、谁 解 我 心?

当事人背景:

A,男性,41 岁,未婚,在一家银行工作三年后辞职,目前正在寻找和应聘新的工作。

A 在大学时攻读对外贸易专业,毕业后在证券公司工作一段时间后,自费出国去国外一所重点大学攻读企业管理硕士学位。读了 1 年多后,因不适应国外学校生活,自动放弃,回国后与母亲同住,父亲在其出国留学攻读学位期间病故,之前父母的婚姻生活关系不好。目前 A 没有任何经济来源,靠母亲的退休工资支撑家庭经济生活。

A 回国后,结识了一位年轻的女孩,对她感觉很好,多次对她示爱,表白心意,始终没有获得女孩的明确答复,但两人之间的短信和邮件从不间断。但不久之前,女孩切断与他的所有联系,A 从一位好友那儿听说女孩已经结婚了。A 非常困惑与难受,情绪受到极大的打击,人处于抑郁的状态。遂来心理咨询机构求助。

测试当天，被测者情绪平静，举止文雅，外表比实际年龄看上去年轻好多，并对罗夏心理测验表示了极大的兴趣。

【罗夏墨迹测验反应】

图版Ⅰ

5″。(∧)像个面具(质疑时确认为是人的面具)；直观地讲像两个人拼在一起的图；(白的也可以反应吗?)〈是的〉。像上下两对翅膀。(只看中间行吗?)〈可以的。〉像两个人的头；旁边像两个鳄鱼的头。(之后，他反复转动图版，转了好多次，当时临时只记得记他回答的内容，疏忽了当时究竟转了多少次，只是感觉特别多。好在自第二张图版施测者注意到了自己的疏忽之处，下面都记录了详细注意了他转动图版的情况。)

(＞)动物的头部，尖尖的嘴巴，如狐狸。

(∧)一只老鹰飞在两座山的当中，或山脉、丛林中。(被测者一再表明刚看不是很像，只是有点那种感觉)

天空中的一朵云，比如乌云。

(∨)一扇门，栅栏一样的门。

8′。

图版Ⅱ

25″。(∧)两个人在一起，身体相对，两个手掌合在一起。

(＞)尖的东西像发射升空的火箭，后面白的是尾随的气体，红的可以看做是它的火光也可以不是。

(∨)红的像飞蛾。

(＞)

(∧)两个红的像带着面罩的人头。

4′。

图版Ⅲ

4″。(∧)(笑)两个人，相对而立；蝴蝶结；蝴蝶；水缸或玻璃缸；人头。

(∨)动物的头，如青蛙之类的。

(＞)红的像天空中的两只小鸟，如麻雀之类的飞鸟。(质疑时说小鸟是飞翔的)。

（∨）一个公园，里面有冬青树，前面两棵很高，后面较矮，中间是草地，道路，后面有一建筑物。

< ∧ > ∨

3′。

图版Ⅳ

8″。（∧）盾牌，毛皮做的盾牌。

＞

（∨）飞蛾的标本，干制的那种。

＜∧在注视过程中有长长的叹息声。

（＜）动物的皮毛，身上的皮。（质疑时说，动物身上剥下来的那种）。

∨ > ∧ < ∨

4′。

图版Ⅴ

5″。（∧）蝙蝠；一扇门后面有两个人在面对面

< ∨ > ∧

（＞）拄着拐杖的老太太，半身的，不是全身的，另一侧也是。

3′。

图版Ⅵ

80″。（＜）一个人坐在船上的凳子上，或坐在某个东西上，下边是他的倒影，中间是河面。

（＞）这个部分有点像风筝。（在质疑时，被测者总是把图版竖着看，即看侧面，施测者把图版正过来，说也可以这样看，是吧？他说是的，不算前面这个杆，只是后面的部分像风筝）。

∧ > ∨ ∧（有点皱眉，挠头，身体向后坐直，拿起图版看，而不再是放桌子上）。

（∨）两个鸟，面对面，好像爬在什么东西上面。

9′。

图版Ⅶ

8″。（∧）两个古代的中国人在相对作揖。

（∨）山洞的洞口（质疑时，方向为＞）。

<∧>

(∨)当中像一个人站在石库门的弄堂中,有三个人吧,其余两个一边一个,隐隐约约可以看见,只是远看像啊,近看就不太像了,主要是前面一个人。(又后坐一点,两脚并拢)。

(∨)下面像是一条条的鱼,四条。(质疑阶段时,说鱼是静止的)。

6′。

图版Ⅷ

35″。(∧)像个雕塑,白的是镂空的;还像两个野兽,比如豹子之类的;这两个像旗子。(质疑阶段时说是一般的那种彩旗,插下旗子的是一名男性)。

>

(∨)窟隆;还有下面像玉雕像。(质疑阶段时说,唉,其实这个也可以划掉,直接算到整个雕像里面去)。

(∧)下面两个像岩石。

(∨)不是非常像,但让我想到了悉尼歌剧院。(质疑阶段时,被测者说:“我这儿是联想,在看到这幅画时,脑子里‘啪’地闪过它,我认为要跟你说,所以就说出来了。只是上面一部分像。”)

7′。

图版Ⅸ

60″。(∧)有一点像雕刻作品,比如树雕;下面红的像蔬菜,洋葱之类的。

(∨)帐篷下面,两个人在下棋。

<

(∧)下面两个白得空隙有点像两个人在跳舞;这两个东西有点像小企鹅。

>∨

(>)老年人男性农民背着斗笠在身上。

7′。

图版X

30″。(∧)有点像海底的景象,海底动物。

∨<

(∨)两个龙的头(质疑时说,龙是西方的那种会吐火、有翅膀的,而不是中国的龙)。

>

（∧）有点像人的头，有眼睛、头、胡子、如果两边不算，是个男人的。

<

（∧）像法国的埃菲尔铁塔，或一般的电视塔，是现代的而不是古代的。（质疑时，说不是埃菲尔铁塔，就是一座塔）。

5′。

【图版反应内容分析】

图版Ⅰ

在施测者交待指导语之后，当事人A连续问关于反应时间的问题，如：一张图版到底要反应多长时间等，说明A对规则比较敏感。这张图版被当事人选择为“父亲图版”，在问其原因时，他认为这跟父亲的脸型有关，又说主要是小时候父亲给自己的印象不怎么样。

第一反应为“人的面具”，说明当事人对父亲的印象在内心深处是隔离的，是不清晰的，同时，也可看作当事人对测验仍有一定的疑虑。接下来“双数”反应比较多，比如“两个拼在一起的图”“两个人的头”“两个鳄鱼的头”，似乎反应了他内心对亲情、对友情的渴望；同时，也表明了当事人对父母关系的看法，我们注意到他用了一个“拼”字，这表明一方面，当事人是渴望父母破镜重圆的，但似乎自己又知道就算父母的婚姻形式上在一起，结果上也不是实质意义上的美好，鳄鱼的性情大都凶猛暴戾而且桀骜不驯，所以反应“两个鳄鱼的头”，把父母二老的的关系刻画得淋漓尽致。第二反应为空白间隙反应，认为是“上下两对翅膀”，表明了他在知道了父母的关系之后，曾经希望有天使之翼带领这一切走向美好，同时，也说明他观察别致。接下来，转动了360度，值得注意的是，在每转到一个角度时，当事人会看上几秒钟，中间一直沉默，这可能是某种内心冲突，某种伤心情景的再现，也可能预示着另一种情感的出现。第六反应为“动物的头部，尖尖的嘴巴，如狐狸”，质疑时，他突出是“尖尖的嘴巴”，这反应了曾经父亲在他心中的形象是有敌意的、极其不友善的。“一只老鹰飞在两座山的当中，或山脉丛林中”，当事人一再解释刚看时不像，但是感觉是那样，这说明当事人内心深处其实是体察与关切父亲的艰辛。“天空中的一朵云，比如乌云”，这是一个扩散反应，表明他由于父母关系不和或自己的孤单而感到的一种不安情绪。将图版倒立过来看时，反应为“一扇栅栏一样的门，中间为镂空的”，表明其与父亲交往时，心门通常是关闭的，也许是一种自我保护，而同时门又是镂空的，说明他内心深处还是渴望与他交流的，所以处于一种内心矛盾的状态之中。这可能也是他现实生活中人际交往的一个缩影，在封闭的同时，希望有人能够走进自己的内心去。

图版Ⅱ

这是第一张出现黑红色彩相间的图版，容易出现反应时间的延缓。当事人的初始反应为25秒，有一定的色彩冲击感，是否也表明其对环境的适应有一定的难度？第一反应为“两个人在一起，身体相对，手掌合在一起”，是一个平凡反应，也反映了他内心渴望与人接触的愿望。第二反应为“发射升空的火箭，下面是尾随的气体，及可有可无的红光”，既有强烈的运动反应，也有色彩的扩散反应，可能是当事人在事业、人际、爱情遭受伤害之后压抑的情绪、痛苦的喷发与释放，同时似乎又有某种回避与不安（红光的处理）。第三个反应为“红色的飞蛾”，为FC反应。飞蛾是鳞翅目昆虫中的一大类，它多在夜间活动，且有趋光性，喜欢聚集在光亮处，因此民谚有“飞蛾扑火自烧身”的说法。其象征意义在于，一种是指追求一个不甚明确的，不切实际甚至是不可理喻的目标时迷失了自我，付出惨重代价最后只是获得了引火烧身，自取灭亡的后果；另一种，在现在爱情风盛行的文学艺术园里，飞蛾更多地用来表现出对恋人的苦苦追寻，吃到苦果仍不言放弃的情愫，是一曲悲壮的赞歌。比如，组合羽泉就有一首歌《飞蛾》来表现爱情如飞蛾扑火的凄美。其中有如下歌词“我像一只飞蛾拼了命地往那火里飞，最终看不到有谁为我落泪，一往情深粉身碎骨，其实都已无所谓，有谁愿品尝化成灰的美”。在此，当事人反应飞蛾，表明他对自己选择的事业与爱情的执着，虽然在很多人看来，这一决定是不可思议的但他似乎要孤注一掷、破釜沉舟。最后一个反应为“两个红的像带着面罩的人头”，说明当事人虽然雄心壮志，但至于如何达到自己的目标，以及自己是否能够到达理想的彼岸，这些愿望其实还是不明确的，令人迷茫而困惑的。

图版Ⅲ

看到这一图版，当事人自己笑起来，说“是两个人，相对而立”，之后又说“蝴蝶结”“蝴蝶”，但均为平凡反应。接着反应为：水缸、玻璃缸，（之后质疑阶段施测者忘记问“水缸里是否有东西”，可能是一失误），表示当事人对简单、纯洁性事物与生活的追求与喜爱。被测者转动图版后，说“红的像天空中飞翔着的两只小鸟,麻雀之类的飞鸟”,麻雀是与人类伴生的鸟类,栖息于居民点和田野附近,性情极为活泼,胆大易近人,但警惕心却非常高,它们的住处很简陋,不像喜鹊、燕子那样精心设计,而是喜欢在别人屋檐下找个有洞的地方就钻进去住,如果找不到,有些索性就直接在某棵树枝上过夜,渴望自由,追求快乐。这幅图版也被当事人看作是自己的自画像,表明当事人内心是非常崇尚自由、追求快乐的,率性而为,自己对待物质和生存环境上可以简陋,但精神上是要洒脱、自由。同时,被测者也希望内心的另一半也像一只这样的“小麻雀”自由自在。最后一个反应为“公园一角”,反应内容丰富,有冬青树、草地、道路、建筑物,宛然一幅田园风景图,表明当事人内心对静、美的渴望,似乎也预示着他对未来幸福生活的憧憬。

图版Ⅳ

这是一张布满重重黑色阴影的墨迹图版,被一致选为“父亲图版”,或者“权威图版”而当事人并没有选这一张为“父亲图版”。第一反应为“毛皮做的盾牌”,盾牌是古代作战时用来抵御刀剑等兵器进攻的武器,施测者知道的古代盾牌的表面一般都包有一层或者是数层皮革,用来防止箭、矛和刀剑的攻击,可是被测者反应是“毛皮做的盾牌”,既然是盾牌,就应该是刚硬无比的,而“毛皮”是一种质地相对柔软的,可以在表面包几层,却不可能构成防御兵器砍杀的盾牌。当事人把矛盾的两者结合在一起,显示了他在人际交往中,心存疑虑,有一种自我隔离感,总是想保护自己,但似乎自己又软弱无力。图版旋转两次后,反应为“飞蛾,制干的那一种”,是一种缺陷反应,表明了他在情感、事业受挫之后,产生的敌意情绪。之后,旋转两次,在这期间伴有长长的叹息,这似乎也是一种情绪的释放。然后说,“动物的毛皮,身上的皮”,质疑时说,“毛皮是从动物身上剥下来的那种”,这是一种质地反应,同时,又有解剖性质,表明当事人一方面渴望得到关心、渴望得到理解,另一方面现实似乎没有实现自己的愿望,进而感到不安的矛盾心情。

图版Ⅴ

第一反应为“蝙蝠”,是平凡反应。第二反应为“一扇门后面两个人在面对面”,表明当事人渴望一份安定、稳固的爱情,这种爱是超脱世俗影响的,同时,也可能说明当事人对自己爱情的不确信与担心(在大门的掩护之下)。旋转四个角度之后,反应为“拄着拐杖的老太太,半身的,两边都是”,这暗含了当事人内心对年迈母亲的怜惜,对她辛劳的体谅与愧疚(因为自己与母亲住一起,目前还不能自力更生)。

图版Ⅵ

初始反应为80秒,反应时间明显延长,结合图版特点,他可能压制了自我直接的性反应,而置换成其他的表现形式,从而致使时间延长。在这期间,施测者有疏忽,一直在等被测者做反应,而没有及时提醒“不管看到什么,都可以反应”。其第一反应为“一个人坐在船上的凳子上,或坐在某个东西上,下边是他的倒影”,质疑时说“中间是河面”,这是一立体景色反应,表明当事人非常关注自我,有自恋感情与自恋倾向,这可能也是情感之路不顺畅的原因之一。第二反应为“风筝”。施测者注意到他一直是将图版竖着看的,在质疑阶段时旋转过来问:“那这样看也可以,是吗?”他说“只有后面的像风筝,除去前面的杆子”,这似乎表明他在回避有关性反应的内容,具有强烈的压抑性倾向。转换五个角度后,被测者说像“两只鸟,面对面,好像爬在什么东西上面”,这反应了他内心情感的孤寂,渴望真正的爱情,也可能是性反应的一种变式。总之,从这个图版的几个反应来看,当事人之前可能有过性创伤或者不愉快的性体验,并一直压抑自己内心中的性念头。

图版Ⅶ

这是一张“母亲图版”,给人一种柔和、轻松的感觉。当事人并没有把此图版作为母亲图版来投射或象征。他第一反应为“两个古代的中国人在相对作揖”,反应时,当事人还伴有象征性的动作来作为解释,表明他内心柔和、谦逊的一面,希望人与人以礼相待。将此图版倒过来,反应为“山洞的洞口”,质疑时方向为＞,同时说“周围是岩石“,这是一种安定、安全的反应,考虑到当事人的生活现实,与其说他是对母亲怀有深深的依恋感,不如说希望从母亲或周围人那里获得精神上的支持与理解。旋转四个角度后,反应是“当中像一个人,站在弄堂中,三个人吧,其余两个一边一个,隐隐约约可以看见”,质疑时说“只是远远看去像,近看就不太像了,主要是前面一个人”,他指的站在石库门弄堂中的一个人相对于两边的高墙是非常瘦弱的,仿佛是忍受了两边的重度挤压似的,这显示了他处境的艰辛,同时也似乎表明他自我的能力遭到外界的束缚与限制,有志不可伸展。后面模糊的两个人可能是他想象能帮助自己的人,但“主要只是前面一个人”表明在现实生活中,其实理解他、帮助他的人并没有或很少,主要是靠自己的努力打拼。最后一个反应为“像一条条的鱼,下面是四条”,质疑时说“鱼是静态的”,

表明他在孤军奋战之后内心的疲惫。

图版Ⅷ

这是一张多重色彩的图版，也是一张全彩色的图版，初始时间稍有延长，反应数为7个，初步说明当事人受投射刺激情绪敏感。这张图版却被他看作是母亲图版，问其原因时，说"因为这张图与母亲的脸型有点像，也给我一种温暖感，至少小时候是这样"。被测者第一反应为"雕塑，白的是镂空的"，作为一个整体反应内容很不容易，一般认为这一图版产生整体反应较难，而当事人做到了，显示在当事人眼中，母亲对自己要求是很高的，有很强的掌控欲望。接着是一平凡反应，"两只野兽，比如豹子"，豹比虎聪明，比狮子凶猛，在食肉兽类中，比较灵巧凶狠，这似乎显示了母亲在现实生活中的强势。然后反应"绿的像两把旗子"，质疑时说"旗子是那种彩旗，插下旗子的是一男性"，这表明当事人内心深处是非常渴望成功的，特别是想摆脱母亲的影响独立去开拓自己的天地，成就自己的事业。旋转2次后，反应为"窟窿"，是一解剖反应，表明了当事人内心的不安与恐惧，而母亲掌控一切的影响是很强的，而自己的力量是否足够强大而能独立？自己的奋斗是否真的能摆渡到理想的彼岸？接下来的反应为"玉雕像"，质疑阶段说"其实这个可以划去，因为它可以归到第一个反应中去"，说明当事人思考缜密，经常反省自己。随后，将图版放正，又说像"岩石"，这可能显示了当事人眼中的母亲是坚硬的，是顽固不化的。最后，将图版倒过来，说自己脑中突然闪现"悉尼歌剧院"，"虽然不像，但自己感觉特别像"，这说明当事人在澳大利亚的短暂留学经历确实对他产生了很大的影响。

图版Ⅸ

此图版的色彩比前一张更为复杂，并且多种色彩混杂在一起，无明显的分界，可能会对当事人造成很大的视觉冲击。初始反应时间仅次于第六块图版的反应时，反应数为6个，但被测者并没有被各种色彩迷惑，而是展开了丰富的想象。第一反应为"雕刻作品，比如树雕"，是一艺术反应，表明了当事人对美好事物的向往与追求，这是他精神世界的表现。第二反应为"洋葱之类的蔬菜"，(笑)，是一食物反应，我理解为这是他对物质的需求。结合第一反应，看到两个反应在整个画面上的构图比例是悬殊很大的，这似乎表明了他对现实生活的需求，即对物质的追求只要能满足基本生活需要即可，自己更多的时间与精力是放在精神层面上的，做自己想追求的事情。将图版翻转之后，认为是"帐篷下面，两个人在下棋”，下棋也是一种智力、思维的博弈，这似乎表明当事人对自己的智力、才能是自信的，非常渴望一展身手。这也有可能暗含现实生活中缺少这样的机会，感到有些“怀才不遇”。“帐篷”可能是根据构图的特点而反应的，也可能是当事人内心深处渴望在竞争奋斗之时，有人相助，为自己排除外部的干扰，挡风遮雨。之后又是一个间隙反应，“两个人在跳舞”，结合图版中下一个部分领域反应“两只小企鹅”，这似乎也在预示自己内心的孤独，渴望美好爱情的来临。转换三个角度后，为“老年的男性背着斗笠在身上”，这似乎显示当事人一路苦苦寻觅自己精神上的归宿与爱情温暖的港湾，而现实的答案却是，至少现在是“未果”，他内心很是疲惫了。（当然，这也有可能反应当事人对父亲辛劳的内疚与依存的象征含义）。

图版X

“海底景象”是当事人对这一图版的一个整体反应，质疑时，具体指出了海底的动物，如蟹、海马、珊瑚等。旋转两个角度后，为“两个龙的头”，并表明“这龙是西方的，会吐火的、有翅膀的那种，不是中国的”。表明他对现实的一种挑剔与批判，内心压抑着诸多不满，渴望摆脱目前生活现状的心情。接下来一个反应为“人头，有眼睛、头、胡子，并指明性别为男性”进一步表明了当事人比较关注自我，注重自我实现。最后作了一个部分领域反应，开始说“法国的埃菲尔铁塔”，之后又改为“一般的塔，现代的，而非古代的”，表明了其思考问题的融通性。

【综合数据统计分析表】

表8－4　案例四的罗夏测验整理数据表(1)

项目＼姓名	A
年龄	41
性别	男
职业	待业
反应总数(R)	51
拒绝反应(Rej)	0

续　表

项目＼姓名	A
附加反应 Add	0
初始反应时间：T/ach(黑白反应时间)	21″
T/c(彩色反应时间)	30″
平均初始反应时间	25″
反应领域：W(整体)	22
W̶(切断反应)	1
D(部分)	24
d(稀少部分)	2
S(空白间隙部分)	5
反应继起特征	以 W－D 为主
旋转度 Tur%	约为 67%
决定要素：F(形体反应)	37
人类运动反应 M	6
动物运动反应 FM	3
无生命运动反应 m	0
黑白反应 C′	3
彩色反应 C	5
立体景色反应 V	3
物品质地反应 T	2

表 8－4　案例四的罗夏测验整理数据表(2)

项目＼姓名	A
反应内容：A,A/(动物范畴)	17
H,H/(人类反应)	13

续 表

项目 \ 姓名	A
性反应 Sex	1
解剖反应 at	2
自然反应 Ntr	3
爆发反应 ex	1
建筑物反应 arch	3
食物反应 Food	1
风景反应 ls	1
范畴数 Range	9
感情范畴：敌意感情 H	3
不安感情 A	15
依存感情 D	5
愉快感情 P	7
其他感情 M	5
中性感情 N	16

【综合评价与建议】

当事人思维活跃、视野灵活,（旋转度约为 67%，空白间隙反应 5 个），关注自我内心的感受，渴望自己能自由、快乐地生活。同时，也期盼留学归国后自我价值的实现，期盼在事业上有所作为。体现在数据上表现为反应数目较多，为 51 个，W：M=3：6，结合图版内容的反应，可以推测到现实中的被测者似乎是孤立无援、孤军奋战的，他急切想得到周围人的理解与支持。情绪体验为内向型，对情绪有着较强的控制性，但对现实适应较差。从平均初始反应时间来看，时间较长，为 25 秒，反应了当事人对人、对事的敏感与谨慎，心情压抑。这在他的反应话语中也有所体现“其实，我告诉你的事都是我比较确定的，还有一些模模糊糊的东西，我就没和你说”。

综观10个图版的反应时间，可以注意到初始反应的时间悬殊很大，如图版1、3、4、5、7的反应时间在8秒之内，图版2、8、10反应时在35秒之内，6、9的反应时在80秒之内，推断出当事人情绪波动大，稳定性不足。从反应个数看出，第一张图版、第三张图版、第八张图版反应个数居前三位，分别为9、8、7，恰巧这三幅图分别被指为“父亲图版”、“自我图版”与“母亲图版”，可以看出当事人早年的家庭关系可能对他产生了很大的影响。

当事人在经历了事业、爱情上的风风雨雨后，现在正走在另一条人生的道路上，并且都有“飞蛾扑火”般的执著，然而，被测者又感到了疲惫不堪，压力较大，导致精神抑郁的状态。

督导对于被测者的人格评估和今后的心理咨询建议如下：

（1）进一步疏导当事人的情绪，解除其精神抑郁的状况，关注他的心理健康状态。

（2）鼓励其了解自我，把握自己的性格，开发自己的潜能，运用国外学习到的知识，尽快找到合适的职业，解除经济方面的压力。

（3）在恋爱、婚姻观方面加强学习，提高自身的魅力，增强建立亲密关系的有效沟通能力。

附　录

一、罗夏墨迹测验图版

二、罗夏墨迹测验评估表

罗夏墨迹测验评估表

—— 修订版 ——

华东师范大学心理与认知科学学院　徐光兴

—— 临床心理诊断与咨询用 ——

罗夏心理测验用纸

<table>
<tr><td>编　　号</td><td></td><td>被测者姓名</td><td></td><td>被测者性别</td><td></td></tr>
<tr><td>被测者年龄</td><td>____岁____月
(　年　月　日生)</td><td>测定日期</td><td></td><td>施测者姓名</td><td></td></tr>
<tr><td>被测者学历</td><td></td><td>被测者单位、职业</td><td colspan="3"></td></tr>
<tr><td>被测者住址</td><td colspan="3"></td><td>被测者电话</td><td></td></tr>
<tr><td colspan="6">测验目的

有无接受过其他心理测验：</td></tr>
<tr><td colspan="6">测验时的状态(场所、健康、精神、情绪、姿态等)</td></tr>
<tr><td colspan="6">生活史上特征或要注意事项</td></tr>
<tr><td colspan="6">综合所见

施测分析、报告者：</td></tr>
</table>

记录用纸

被测者姓名________

图版编号	反应时间	方向(∧)	自由反应	质　疑	领域	决定因素	内容	P.O	感情范畴

罗夏测验数据整理表

反应数与时间

反应总数 R____

拒绝反应 Rej____

附加反应 Add____

总反应时间 T/R____

平均最初反应时间 IntRT.____

(T/ach____ T/c.____)

反应领域

整体反映 W____

切断整体反应 W̶____

结合反应 DW____

普通部分反应 D____

稀少部分反应 d____

异常部分反应 Dd____

空白间隙反应 s____

反应继起的特征____

旋转度 Tur%______

形态水准

良好(+)____,____%

一般(±)____,____%

不良(-)____,____%

全体水准 F+____%

F-____%

决定因素

形体反应 F____(F+____F±____F-____)

人类运动反应 M____(M+____M'+____M-____)

动物运动反应 FM____(FM+____FM-____)

无生命运动反应 m____(m+____m±____m-____)

立体景色反应 V____(V+____V±____V-____)

浓淡反应 Y____(Y+____Y-____)

物品质地反应 T____(T+____T-____)

黑白反应 C′____(C′+____C′-____)

色彩反应 C____(C+____C-____)

平凡反应 P__________

个性/创造性反应 O____

其他要注意的因素与事项

1. ______________________________

2. ______________________________

3. ______________________________

____

____

反应内容

动物反应 A%____

(A ____,Ad____)

(A/____,Ad/____)

人类反应 H%

(H____,Hd____)

(Hd/____,H/____)

解剖反应 at____, at%____

性反应 sex____, sex%____

血液反应 Bl____

疾病反应 dis____

死亡反应 De____

食物反应 Food____

生活用品反应 Li____

艺术反应 Art____

自然反应 ntr____

风景反应 ls____

植物反应 bt____

火反应 fire____

爆发反应 ex____

建造物反应 arch____

交通反应 Tra____

科学反应 Sci____

职业反应 Voc____

宗教反应 Rel____

神秘反应 Myt____

地图反应 Geo____

战争反应 War____

记号反应 Sign____

抽象反应 Abs____

娱乐反应 Rec____

政治反应 Poli____

其他反应 Mi____

反应内容范畴数 Range____

感情范畴

敌意感情 Hos____,____%

不安感情 Anx____,____%

身心健康状况 Bod____,____%

依存感情 Dep____,____%

愉快感情 Posi____,____%

其他感情 Mis____,____%

中性感情 Neut____,____%

精神医学的临床诊断事项

1. ______________________________

2. ______________________________

3. ______________________________

____

____

____

____

统计数据分析、评估要点

各种因素的比较

W：M________________

A%：H%________________

F+%：F-%________________

M：∑C________________

M：FM________________

(H+A)：(Hd+Ad)________________

(FM+m)：(T+C')________________

M：(FM+m)________________

R(Ⅷ + Ⅸ + Ⅹ)%= ________________

R(Ⅷ + Ⅸ + Ⅹ)/R(Ⅰ~Ⅶ)= ____________

要点归纳

智能、思考、兴趣________________________________

情绪的表现与控制________________________________

性格类型________________________________

内的控制力(精神)________________________________

外的控制力(行为)________________________________

现实把握能力________________________________

自我存在感________________________________

综合的人格评估与解析

施测者：

三、参考文献

Beck, S. (1945) Rorschach's test I. A variety of personality pictures. N. Y.: Grune & Stratton.

Beck, S. (1949) Rorschach's test (2nd ed.) I. Basic processes. N. Y.: Grune & Stratton.

Beck, S. (1952) Rorschach's test Ⅲ. Advances in interpretation. N. Y.: Grune & Stratton.

Beck, S. (1960) The Rorschach experiment: Ventures in blind diagnosis. N. Y.: Grune & Stratton.

Brown, F. (1953) An exploratory study of dynamic factors in the content of the Rorschach protocol. journal of Projective Techniques, 17, 251 – 279.

DeVos, G. (1952) A quantitative approach to affective symbolism in Rorschach responses. Journal of Projective Techniques, 16, 133 – 150.

Elizur, A. (1949) Content analysis of the Rorschach with regard to anxiety and hostility. Rorschach Research Exchange & Journal of Projective Techniques, 13, 247 – 287.

Exner, J. E. (2000): A primer for Rorschach interpretation. Rorschach Work – shops.

Exner, J. E. (1997): The Rorschach: A comprehensive system: Vol. 1 (4th ed.). New York: Wiley.

Exner, J. E. (1993): The Rorschach: A comprehensive system: Vol. 1 (3rd ed.) New York: Wiley.

Exner, J. E. (1991): The Rorschach: A comprehensive system: Vol. 2 (2nd ed.). New York: Wiley.

Exner, J. E. (1974): The Rorschach: A comprehensive system: Vol. 1. New York: Wiley.

Exner, J. E. (1969): The Rorschach systems. Grune & Stratton.

Exner, J. E. & Weiner, L (1995): The Rorschach: A comprehensive system: Vol. 3 (2nd ed.). New York: Wiley.

Gacono, C. & Meloy, R. (1994): The Rorschach assessment of aggressive and psychopathic personalities. LEA.

Gacono, C. & Meloy, J. (1994) The Rorschach assessment of aggressive and psychopathic personalities. N. J.: Lawrence Erlbaum.

Hartmann, E. (2001) Rorschach administration: A comparison of the effect of two instructions. Journal of Personality Assessment, 76, 461 - 471.

Herz, M. (1948) Suicidal configurations in Rorschach records. Rorschach Research Exchange & Journal of Projective Technique, 12, 3 - 58.

Fowler, J., Piers, C., Hilsenroth, M., Holdwick, J., & Padawer, I. (2001) The Rorschach suicide constellation; Assessing various degrees of lethality. Journal of Personality Assessment, 76, 333 - 351.

Gacono, C. & Meloy, J. (1994) The Rorschach assessment of aggressive and psychopathic personalities. N. J.: Lawrence Erlbaum.

Hartmann, E. (2001) Rorschach administration: A comparison of the effect of two instructions. Journal of Personality Assessment, 76, 461 - 471.

Herz, M. (1948) Suicidal configurations in Rorschach records. Rorschach Research Exchange &Journal of Projective Technigue, 12, 3 - 58.

Lindner, R. (1950) The Content analysis of the Rorschach protocol. In Abt, IL. & Bellak, L. (ed.) Projective psychology. N. Y.; Grove.

Meloy, R., Acklin, M., Gacono, C., Murray, J. & Peterson, C. (1997) Contemporary Rorschach interpretation. N. J.: Lawrence Erlbaum.

Rapaport, D., Gill, M., & Schafer, R. (1946) Diagnostic psychological testing. Ⅱ. Chicago: Year Book.

Rapaport, D., Gill, M., & Schafer, R. (1968) Diagnostic psychological testing (revised ed.) N. Y.: International University Press.